LUMIX TZ202
DAS BUCH ZUR KAMERA

Impressum

Alle Rechte auch die der Übersetzung vorbehalten. Kein Teil des Werkes darf in irgendeiner Form (Druck, Fotokopie, Mikrofilm oder einem anderen Verfahren) ohne schriftliche Genehmigung des Verlages reproduziert oder unter Verwendung elektronischer Systeme verarbeitet, vervielfältigt oder verbreitet werden. Der Verlag übernimmt keine Gewähr für die Funktion einzelner Programme oder von Teilen derselben. Insbesondere übernimmt er keinerlei Haftung für eventuelle Druckfehler oder aus dem Gebrauch der Geräte oder Programme resultierender Folgeschäden.
Die Wiedergabe von Gebrauchsnamen, Handelsnamen, Warenbezeichnungen usw. in diesem Werk berechtigt auch ohne besondere Kennzeichnung nicht zu der Annahme, dass solche Namen im Sinne der Warenzeichen- und Markenschutzgebung als frei zu betrachten wären und daher von jedermann benutzt werden dürften.

ISBN 978-3-941761-70-4

Bildnachweis: Alle Bilder, wenn nicht anders vermerkt vom Verlag, seinem Autor oder
Panasonic Deutschland

© 2018 by Point of Sale Verlag
Gerfried Urban,
D-82065 Baierbrunn
Printed in EU

FRANK SPÄTH

LUMIX TZ202
DAS BUCH ZUR KAMERA

INHALT

	Editorial	8
10	**Highend-Reisezoomer reloaded**	
	Kompaktkamera für Anspruchsvolle	12
16	**Die TZ202 perfekt im Griff**	
	Wichtige Bedienelemente	18
	Die Menü-Logik	24
	Aufnahme-Menü	26
	Das Schnellmenü („Q.MENU") auf einen Blick	41
	Focus Stacking direkt in der Kamera	66
	Video-Menü	72
	Individual-Menü	80
	Setup-Menü	102
	„Mein Menü"	115
	Wiedergabe-Menü	116
128	**Die TZ202 in der Praxis**	
	Dauerlicht	130
	Belichtung messen	131
	Mehrfeldmessung	131
	Mittenbetonte Messung	132
	Spotmessung	133
	Belichtung steuern	136

INHALT

Intelligente Automatik „iA" und „iA+"	138
Programmautomatik (P)	140
Zeitautomatik (A) = Vorwahl der Blende	142
Blendenautomatik (S): Vorwahl der Zeit	144
Manuelle Belichtung (M)	146
Belichtungskorrektur: Gezielt eingreifen	148
Belichtungsreihen: Auf Nummer Sicher	150

Szeneprogramme und ihr Nutzwert:

Freigestelltes Portrait (Nutzwert: hoch)	153
Seidige Haut (Nutzwert: mittel)	153
Gegenlicht weich / hart (Nutzwert: mittel)	153
Weicher Farbton (Nutzwert: mittel)	153
Kindergesicht (Nutzwert: gering)	153
Landschaft (Nutzwert: hoch)	154
Heller blauer Himmel (Nutzwert: gering)	154
Glitzerndes Wasser (Nutzwert: mittel)	156
Nachtaufnahme-Programme (Nutzwert: mittel)	156
Hand-Nachtaufnahme (Nutzwert: hoch)	157
Nachtportrait (Nutzwert: hoch)	157
Weiches Bild einer Blume (Nutzwert: mittel)	157
Speisen / Dessert (Nutzwert: mittel)	158
Bewegung einfrieren (Nutzwert: hoch)	158

INHALT

Sportfoto (Nutzwert: hoch)	158
Monochrom (Nutzwert: gering)	158
Bildstil: Mehr als nur Spielerei	162
Kreativmodus: Toben Sie sich aus!	166

Blitzlicht 170

Auto-Blitz (nur im iA-Betrieb)	171
Die Blitzlicht-Modi	171
Aufhellblitz	171
Blitz mit „Rote-Augen-Reduzierung"	173
Langzeitsynchronisation („Slow")	173
Blitz-Synchronisation 1ST oder 2ND	174
Blitzlicht korrigieren	175

Bildqualität 176

Qualitätsbestimmend: die „Bildgröße"	176
JPEG: Zwei Qualitäten, kaum Unterschied	182
RAW – Informationen direkt vom Sensor	184
Farbenspiele: Der Weißabgleich	190
Die Weißabgleich-Voreinstellungen	192
Den Weißabgleich manuell steuern	194
ISO-Empfindlichkeit und Rauschen	196
Fazit unseres Rauschtests	212
Ein Tipp für Fans von Dauerbelichtungen: Langzeit-Rauschreduzierung	216

INHALT

Zusammengefasst	217
Rauschen nachträglich im RAW reduzieren mit Silkypix Developer	218
Sicher und flott scharf	**220**
Autofokus	222
AF-Betriebsart: Statisch oder flexibel?	222
AF-Modus: Messfelder clever einsetzen	227
Makrofotografie mit der TZ202	232
Manuelle Fokussierung (MF)	238
Arbeiten mit dem Zoom	240
Serienbilder	246
Faszination 4K-Foto	250
Modus 1: „4K-Serienbilder"	252
Modus 2: „4K-Serienbilder S/S"	252
Modus 3: „4K Pre-Burst"	253
Standbilder aus 4K-Fotoserien extrahieren	254
Videos drehen mit der TZ202	258
4K oder Full-HD für den Dreh?	259
Basics gegen typische Video-Fehler	261
Videoeinstellungen	262

266 Index

VORWORT

Die Kleine ist mir ans Herz gewachsen!

Pressetermin bei einem Fotohersteller: Wir dürfen die Produktion besichtigen und Bilder machen. Die Kollegen tragen schweres Geschütz, manche sind immerhin mit einer leichten Spiegellosen bestückt – und tatsächlich knipst der eine oder andere sogar mit dem Handy. Mit meiner Kompaktkamera falle ich irgendwie aus dem Rahmen – nach oben wie unten. Dabei gelingen mir mit der TZ202 problemlos druckfähige Bilddaten mit spannenden Weitwinkel-Ansichten, knackscharfen Close-ups und sogar halbwegs ordentlichen Freistellern von Personen. Möglich macht's nicht nur der 1"-Sensor. Auch der flitzeschnelle Fokus und der (wenn auch kleine) elektronische Sucher lassen mich technisch gesehen durchaus an die Systemschlepper heranrücken. Und am Ende macht ja eh der Mensch das Bild und nicht das Equipment ...

Fast fünf Monate lang hat mich die kleine TZ mit dem großem Sensor auf Schritt und Tritt begleitet. Und die ganze Zeit habe ich mich an dieser gelungenen Synthese aus Hosentaschentauglichkeit und technisch anspruchsvollem Fotografieren erfreut. Fraglos gelingen mit einer 4000-Euro-Vollformatkamera bei ISO 6400 die weitaus rauschfreieren Poster mit Vergrößerungspotenzial ohne Ende. Auch werden Sie mit Blende f/3,3 bei 24 mm keine kernscharfen Portraits zaubern, bei denen sich der Hintergrund des Models schon nach wenigen Zentimetern in ein duftiges Nichts verwandelt. Aber Sie profitieren von maximaler Ausstattung auf kleinstem Raum! Das beginnt mit dem optischen 15fach-Zoom und endet bei 4K-Raffinessen, die der Actionfotografie ebenso neue Impulse geben (Stichwort „4K-Foto") wie dem Gestalten mit maximaler Schärfentiefe. Und das alles dezent, aber wertig verpackt und mit Bilderergebnissen, die sich sehen lassen können.

Kurzum: Die Lumix ist kein Apparat für Poser. Wer partout auffallen muss am fotografischen Hotspot, sollte sich kameramäßig anderswo umsehen. Eigentlich müsste die 202 007 heißen: Ein stiller Spion, allzeit bereit, clever und raffiniert, ein unauffälliger Performer mit der Lizenz zum kreativen Gestalten.

Ihnen ebensoviel Freude – und viel Erkenntnis beim Lesen!

Frank Späth
Vahlde, im Juni 2018

Die TZ202 hat uns fast fünf Monate lang auf vielen Terminen und Reisen begleitet. Dieses Bild ist an der Küste Portugals mit dem Kreativfilter „Impressiv" entstanden. Foto: Frank Späth

Highend-Reisezo

Die TZ202 ist die konsequente Fortsetzung einer noch recht jungen Erfolgsgeschichte, die vor etwas mehr als zwei Jahren mit dem ersten Highend-Reisezoomer im Lumix-Programm, der TZ101, begann. Mit dem vergleichsweise großen 1"-Sensor ist es Panasonic gelungen, sehr kompakte Abmessungen mit einer Bildqualität zu kombinieren, die auch hohe Ansprüche zufriedenstellt. Der Clou: Die TZ202 bietet bei fast identischen Maßen noch mehr Brennweite als der Vorgänger und einige andere technologische Neuerungen.

omer reloaded

> **HANDLING**

Kompaktkamera für Anspruchsvolle

Mit der TZ101 hat Panasonic vor rund zwei Jahren einen echten Coup gelandet. Die Idee: Man wollte die beliebte und seit Jahren äußerst erfolgreiche Serie der Travelzoom-Modelle („TZ") um eine „professionelle" Variante ergänzen, die bei hosentaschentauglichen Maßen einen großen optischen Zoombereich und dabei ein Maximum an Bildqualität bietet. Der Schlüssel zum Erfolg lag im verbauten Bildsensor, einem 1"-Typ, der deutlich größer als die typischen Bildwandler in Kompaktkameras oder gar in Smartphones ausfällt. Die TZ101 war die erste Lumix Travelzoom-Kamera mit einem solchen Sensor, der ähnlich auch in den Bridge-Topmodellen Lumix FZ1000 und FZ2000 zum Einsatz kommt — im Vergleich zu herkömmlichen Kompaktkamera-Sensoren wie beispielsweise in den übrigen TZ-Modellen satte **viermal größer**! Große Sensoren bedeuten in der fotografischen Praxis vor allem rauschärmere Bilder und mehr Gestaltungsmöglichkeiten in Sachen Schärfe(ntiefe) (was nicht nur bei Portraits gewünscht ist).

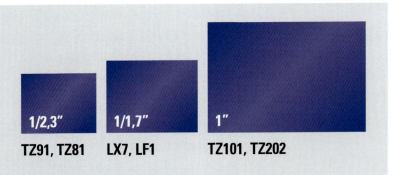

Größenvergleich typischer Lumix-Kompaktkamera-Sensoren, rechts der 1"-Typ der Lumix TZ202 mit den Maßen 13 x 8 mm.

Mit der neuen TZ202 setzt Panasonic diese Strategie fort und präsentiert einen verbesserten 1"-Reisezoomer, der **in Sachen Brennweite seinen Vorgänger überflügelt** (siehe rechte Seite). Ihr Zoom, ein Leica DC Vario-Elmar, reicht nun von 24 bis 360 mm, steigert also die Brennweitenleistung des 25-250-mm-Zooms der TZ101 um satte 50 Prozent (hat allerdings auch im Weitwinkel und Tele eine wenig an Lichtstärke eingebüßt). Auch sonst hat Panasonic bei der 202 an der Ausstattungsschraube gedreht und seinem neuen Reisezoomer für Anspruchsvolle beispielsweise einen **höher auflösenden elektronischen Sucher** sowie **Bluetooth** und eine **bessere Nahgrenze** spendiert (von 5 cm bei Weitwinkelstellung auf 3 cm). Bei quasi identischen Abmessungen steckt in der TZ202 also noch mehr aktuelle Technik – darunter auch Finessen wie die neue **„Sequenzkomposition"**, auf die wir später noch zu sprechen kommen.

HANDLING

Der Hauptunterschied zwischen der TZ101 (oben) und der neuen TZ202 (unten) liegt beim Zoombereich, der um 50 Prozent gesteigert wurde.

HANDLING

Geblieben hingegen ist der für die Kompaktkameraklasse ungewöhnlich große Bildsensor, ein 1-Zoll-CMOS-Typ mit den Abmessungen 13,2 x 8,8 mm, dessen einzelne Pixel ca. 2,4 Mikrometer von Mitte zu Mitte messen. Damit können sie in der selben Zeit mehr Licht aufnehmen. So löste Panasonic schon mit der TZ101 eines der typischen Probleme von Kompaktkameras: die hohe Rauschanfälligkeit, sobald ISO-Werte jenseits von 400 oder 800 eingesteuert werden (müssen).

	LUMIX TZ202	LUMIX TZ101
Objektiv	F3.3-6.4 LEICA DC VARIO ELMAR	F2.8-5.9 LEICA DC VARIO ELMARIT
Optischer Zoom	15x optischer Zoom : 24 - 360mm (KB)	10x optischer Zoom : 25-250mm (KB)
4K Video	30p / 25p / 24p in MP4	25p / 24p in MP4
4K PHOTO	30 B/s Auto-Markierung / Sequence Shot / Bulk Saving	30 B/s -
Sucher	2,3 MP / 0.53x (KB)	1,2 MP / 0.45x (KB)
Monitor	1,2 MP LCD / 3 Zoll / Touch	1,0 MP LCD / 3 Zoll / Touch
Verbindungen	Wi-Fi® 2.4 GHz Bluetooth®	Wi-Fi® 2.4GHz -
Akkulaufzeit (CIPA)	370 Bilder	300 Bilder
Neuer Bildstil	L. Monochrome	
Macro	3 cm	5 cm

Die Verbesserungen der TZ202 gegenüber der TZ101 auf einen Blick.

Das macht die 1"-Serie von Panasonic nicht nur zu einem potenten Reisebegleiter sondern prädestiniert die kleine Kamera mit dem großen Sensor und Zoom auch als Zweitmodell im Equipment anspruchsvoller bis professioneller Fotografen.

Zugegeben: Bei den preiswerteren Schwestermodellen TZ91 oder TZ81 erlauben die kleineren Sensoren noch größere Zoombereiche – vor allem in Sache Telebrennweite. Doch die 202 wiegt diesen Nachteil mit ihrer höheren Bildgüte auf. Die auf 360 mm angewachsene optische Endbrennweite reicht für den fotografischen Alltag in der Regel aus und lässt sich ohne Aufwand mithilfe von Tricks, die wir Ihnen noch verraten werden, massiv (wenn auch nicht völlig verlustfrei) steigern.

Auch in der 202 zu finden ist die Aufzeichnung höchstauflösender 4K-Videos mit der vierfachen Auflösung von Full-HD. Nicht nur Videofilmer dürfte das freuen, bietet ein 4K-Film doch viel mehr Nachbearbeitungspotenzial und weitere Vorteile als herkömmliches Full-HD. Auch Fotografen profitieren aktiv von der 4K-Technologie. Beispielsweise mit der „**4K-Foto**"-Funktion, die es ermöglicht, aus gefilmten Actionszenen Einzelbilder in ordentlicher 8-Megapixel-Qualität zu extrahieren. Ebenfalls auf 4K basiert die „**Post-Fokus**"-Technik: Beim Aufnehmen in 4K spei-

HANDLING

chert die Kamera automatisch bis zu 49 einzelne Schärfeebenen von Nah bis Fern mit den Bildern ab. Bei der Wiedergabe müssen Sie nur noch auf dem Monitor das Foto mit der gewünschten Schärfeebene antippen und speichern es dann ebenfalls als 8-Megapixel-JPEG auf die Karte. Auf Wunsch kann die TZ202 die Fotos im Rahmen des **Fokus-Stackings** auch selbst zu einem Sandwich-Bild mit maximaler Schärfentiefe kombinieren.

Semiprofessionell und im Vergleich zur TZ101 noch einmal verbessert zeigt sich auch die Autofokustechnik der TZ202, ein **Hybrid-Kontrast-AF-System mit DFD (Depth From Defocus)-Technologie**, das 240 Mal pro Sekunde die Entfernung zum Motiv berechnet und in der Praxis extrem reaktionsschnell und sicher arbeitet.

Auch in Sachen Handling und Bedienung schließt die Neue die Lücke zu viel größeren und teureren Systemkameras – also wird es Zeit, dass wir uns mit der Bedienung des Reisezoomers vertraut machen.

INFO

Was ist mit der TZ200, der ZS200 und der TX2?

Wie schon beim Vorgängermodell hat sich Panasonic auch bei der TZ202 für weltweit unterschiedliche Produktbezeichnungen entschieden. Die TZ202 heißt nur in Deutschland, Österreich und der Schweiz so. Im übrigen Europa nennt Panasonic den neuen 1"-Reisezoomer TZ200 (in den USA heißt sie ZS200, in Japan TX2). Das hat vertriebstechnische Gründe, aber es gibt auch einen minimalen Unterschied in den Ausstattungen: Bei der TZ/ZS200/TX2 lassen sich i.Zoom und Digitalzoom miteinander kombinieren, bei der TZ202 nicht.

HANDLING

Die TZ202 perfekt im Griff

Auch wenn sie hoch kompakt und absolut hosentaschentauglich ist: Die TZ202 bietet ein ähnlich ausuferndes Bedienkonzept wie ihre großen Schwestermodelle aus dem Lumix-DSLM-Programm. Aus diesen Grund starten wir in unser Buch zur Kamera mit einem umfassenden Handling-Teil, der Ihnen die Bedienung und Programmierung der TZ nahebringt und Sie fit macht für den praktischen Einsatz.

HANDLING

Bei der TZ202 fällt äußerlich vor allem der erhabenere und gummierte Handgriff an der Vorderseite auf, der die Bedienung des kompakten Reisezoomers im Vergleich zum Vorgänger deutlich verbessert.

HANDLING

INFO

Modusrad

Das Modus(wahl)rad ist das zentrale Steuerungselement der Lumix TZ202. Hier die Funktionen im Überblick:

① **Intelligente Automatik (iA)**
Die TZ erkennt typische Situationen automatisch und regelt alle Parameter

② **Programmautomatik (P)**
(Bedientipp!) Schnell, shiftbar und mit allen Zugriffsmöglichkeiten

③ **Zeitautomatik (A)**
Blendenvorwahl über Einstellrad oder Steuerring

④ **Blendenautomatik (S)**
Zeitvorwahl über Einstellrad oder Steuerring

⑤ **Manuelle Belichtung (M)**
Zeit- und Blendenwahl über Einstellrad und Steuerring

⑥ **Kreativer Filmmodus**
z. B. P/A/S/M für Video verwendbar

⑦ **Custom**
Drei programmierbare Individualsets

⑧ **Schwenkpanorama**

⑨ **Szeneprogramme**

⑩ **Kreativmodus**
Effektfilter und spezielle Farbtöne

Wichtige Bedienelemente

Nicht nur am Preis – auch an der äußeren Erscheinungsform der TZ202 lässt sich unschwer erkennen, dass die neue Kompakt-Lumix mehr als „nur" die Ansprüche und Wünsche der typischen Reise- und Erinnerungsfotografie erfüllen soll. Panasonics zweites Topmodell unter den Travelzoomern bietet nämlich **mehr direkt am Gehäuse zugängliche Steuerungselemente** als typische TZ-Modelle. Etwa das schon aus der TZ101 bekannte und im Alltag ungemein praktische Einstellrad auf der rechten oberen Seite in Griffnähe des Daumens, mit dem sich blitzschnell wichtige Parameter wie Zeit oder Blende anpassen lassen. Oder der auch schon bewährte Steuerring rund ums Objektiv, der ebenfalls dem flotten Zugriff auf wichtige Steuerungen (wie die manuelle Fokussierung) dient. Schauen wir uns die Außenausstattung einmal kurz an, denn Sie sollten mit ihr bis ins Detail vertraut sein, um im Eifer des Gefechts auch wirklich flott die richtigen Einstellungen vornehmen zu können.

Starten wir mit den wichtigsten „mechanischen" Bedienelementen, dem **Modusrad** auf dem Oberdeck (von Panasonic „Moduswahlrad" genannt). Hier wählen Sie das von Ihnen benötigte Belichtungsprogramm (iA, P, A, S oder M) sowie die Szeneprogramme oder Kreativfilter vor. Auch das Schwenkpanorama wird direkt mit einem Dreh in die entsprechende Position auf dem Modusrad gestartet. Zudem aktivieren Sie mit dem Rad den kreativen Video-Modus oder einen der drei „C"-Speicherplätze für individuelle Kameraeinstellungen. Wenn Sie häufig mit dedizierten Settings arbeiten, dann speichern Sie diese einfach unter einem der „C(ustom)"-Plätze ab (dazu später mehr). Das Modusrad bietet insgesamt zehn Positionen, die wir im Laufe dieser Fotoschule mit Ihnen durchsprechen werden – im Info-Kasten links erhalten Sie einen ersten Überblick.

Neben dem Modusrad hat der **Vierrichtungswähler** (in der pdf-Bedienungsanleitung auch „Cursortasten" genannt) auf der rechten Kamera-Rückseite eine wichtige Aufgabe bei der Wahl häufig benötigter Features. Auf den Nord/Süd/Ost/West-Tasten wählen Sie Parameter wie Be-

HANDLING

lichtungskorrektur (obere Taste), Weißabgleich (rechte Taste), Manuellfokus/Makro (linke Taste) oder den Antriebsmodus (Serienbilder, 4K-Foto, Post-Fokus und Selbstauslöser) vor; der zentrale Button in der Mitte des Elements („MENU/SET") ruft das Hauptmenü der Lumix TZ202 auf, das wir gleich besprechen werden.

Ebenfalls wichtig für eine schnelle Bedienung sind die diversen **Funktionstasten**. Davon bietet die TZ202 gleich vier mechanische (dazu kommen weitere auf dem Touchscreen – siehe unten). Sie liegen allesamt auf der Kamera-Rückseite und lassen sich jeweils mit einer individuellen Funktion programmieren. Dafür gibt es im Individual-Menü eine eigene Zeile („Fn-Tasteneinstellung"), die wir Ihnen ebenfalls nachher erklären werden.

Hier aber schon der **Tipp**: Nutzen Sie die Fn-Tasten für Features, die Sie oft brauchen, für die Panasonic aber kein eigenes Bedienelement vorgesehen hat (beispielsweise die Bildqualität). Auf diese Weise sparen Sie sich den Zeitverlust, der beim Navigieren in den Kameramenüs auftritt.

Auf dem Touchscreen finden sich **fünf weitere Fn-„Tasten"** (Fn 5 bis 9), die Sie erreichen, wenn Sie das kleine Fn-Registerkartensymbol am rechten unteren Bildschirmrand antippen (siehe Kreis im Screenshot).

HANDLING

Stichwort „**Navigieren**": Das griffige **Einstellrad** auf der Oberseite rechts (Panasonic-Anleitung: „Hintere Skala") erleichtert Ihnen ebenfalls das Ansteuern eines Menüpunkts, und zwar Zeile für Zeile. Mit dem Zoomring rund um den Auslöser hingegen springen

Sie in den Menüs bildschirmseitenweise vor oder zurück. In erster Linie dient das von Systemkameras her bekannte Rad aber der manuellen Einstellung von Zeit und/oder Blende, dem Programmshift oder hilft beim direkten Auswählen eines der vielen Kreativfilter.

In Kombination mit dem Einstellrad und als Ergänzung zu diesem bietet die TZ202 rund um den hinteren Objektivtubus zudem den **Steuerring** (Bild unten). Er verstellt ebenfalls alternativ zum Einstellrad die Blende oder Zeit, kann aber (wie auch das Einstellrad) im Individual-Menü vielfältig umprogrammiert werden und beispielsweise auf Wunsch auch die Brennweite verändern oder der Belichtungskorrektur dienen.

Mit dem Steuerring rund ums Objektiv verstellen Sie beispielsweise den Blendenwert oder fokussieren manuell.

HANDLING

Ebenfalls schon Lumix-Tradition hat das **Schnell-Menü** („Q.MENU"). Es liegt unten rechts neben dem Touchscreen und dient alternativ als Lösch- oder „Fn3"-Taste. Mit dem Schnell-Menü haben Sie direkten Zugriff auf diverse Optionen wie Bildstil, Blitzmodus, Videoformat, Seitenverhältnis, Qualität, AF-Steuerung, Belichtungsmessung und vieles mehr. Auch das Schnell-Menü lässt sich anpassen und auf Ihre individuellen Vorlieben maßschneidern.

Zum Schluss unserer ersten „Außenbegehung" noch kurz ein Blick auf den **Zoomring** rund um den Auslöser. Mit ihm verstellen Sie im Aufnahme-Betrieb die Brennweite: nach links in Richtung Weitwinkel (24 mm), nach rechts in Richtung Tele (360 mm). Bei der Bildwiedergabe zoomen „Sie" auf ähnliche Weise mit dem Ring in die gespeicherten Fotos und können zudem, wie schon kurz erwähnt, in den Menüs seitenweise navigieren. Die rote Taste rechts vom Zoomring startet die Videoaufzeichnung.

Bevor wir uns gleich „ins Innere", also zu den Menüs der TZ202, aufmachen, schauen Sie sich bitte auf der nächsten Doppelseite noch einmal in Ruhe alle **äußeren Merkmale und Steuerungselemente** an und machen Sie sich so für die weitere Lektüre des Buches mit unseren Begrifflichkeiten vertraut.

TIPP

C-Speicherplätze für persönliche Settings nutzen

Individuelle Settings lassen sich auf einen sogenannten „C"-Speicherplatz der TZ202 legen: Stellen Sie dazu zunächst Ihre gewünschten Parameter ein und wählen Sie dann im Individual-Menü den Punkt „Einstellungen speichern" (Screenshot). Nun suchen Sie einen der drei C-Plätze aus und bestätigen.
Wenn Sie danach das Modusrad auf die „C"-Position stellen und den gewünschten Speicherplatz aktivieren, dann startet die Lumix mit den von Ihnen zuvor gespeicherten Einstellungen. Diese bleiben auch nach dem Ausschalten der Kamera erhalten. Die Belegung der „C"-Speicher bietet sich beispielsweise auch dann an, wenn sich mehrere Fotografen die Kamera teilen.

HANDLING

HANDLING

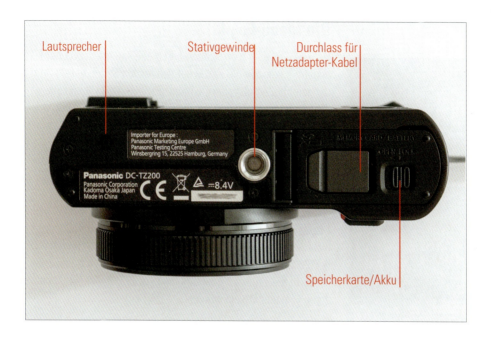

HANDLING

*Das Aufnahmemenü im „Normal-"
(oben) und im „iA+"-Betrieb (unten).*

Der „einfache" iA-Modus hat ein eigenes, auf zwei Bildschirmseiten abgespecktes Aufnahme-Menü.

Die Menü-Logik

Was die von außen erreichbaren Bedienelemente der Kamera angeht, haben Sie die TZ202 auf den letzten Seiten bereits kennengelernt. Zeit also, dass wir uns gemeinsam ins Innenleben der Lumix vorwagen und uns Schritt für Schritt mit den verschiedenen Menüs beschäftigen, die Sie mit der MENU/SET-Taste aufrufen. Hier schlummert – ganz nebenbei – so mancher Schatz, der das Fotografieren oder Filmen effizienter macht. Zudem finden Sie in den diversen Menüs viele Funktionen wieder, die sich auch über das Schnellmenü oder die Fn-Tasten erreichen lassen. Der ideale Zeitpunkt also für uns, Zeile für Zeile die Menüs zu durchstreifen und jeden Punkt zu erklären. Das macht nicht nur die pdf-Bedienungsanleitung überflüssig – Sie erhalten bei diesem Rundgang auch handfeste Hilfe für viele Situationen, in denen Sie vielleicht über Sinn und Zweck der einen oder anderen Funktion rätseln würden.

Zuvor noch ein paar **Hinweise** für die folgenden Seiten: Auf viele der im folgenden gezeigten Punkte (beispielsweise die Qualitätseinstellungen, die ISO-Werte, das Scharfstellen oder die Belichtungsmessung) kommen wir im Praxiskapitel noch zu sprechen und verweisen daher auf die entsprechenden Seiten mit dem **Symbol:** ➜. Andere Features werden wir dort nicht weiter erwähnen – einfach weil sie für die fotografische Praxis keine wichtige Rolle spielen.

Am besten, Sie stellen für die Lektüre der kommenden Seiten die Kamera neben sich, damit Sie die Schritte nachvollziehen können. Grundsätzlich sollten Sie in puncto Menü-Angebot Ihrer Lumix beachten: **Je nach Betriebsart** zeigt sie unterschiedlich ausgestattete Menüs an. So haben Sie beispielsweise in der Programmautomatik (P) mehr Einstellmöglichkeiten als bei „iA", oder in den Kreativmodi. Wichtig für Ihr Verständnis:
Wir beziehen uns bei unserem Rundgang durch die Menüs in aller Regel auf das Angebot im **P-Modus**.

Wenn Sie ohne großartige Einstellungen und Programmierungen Bilder machen wollen, dann können Sie das Modusrad in die **„iA"-Position** drehen. Im Aufnahme-Menü haben Sie allerdings auf weniger Details Zugriff als beispielsweise in der Zeitautomatik (A). Viele Optionen sind ausgegraut und nicht zugäng-

HANDLING

lich. Auch manche der **Direkttasten** am Gehäuse der sind bei „iA" **nicht aktiv**. Diese Beschränkungen gelten nicht nur für das Aufnahme-, sondern auch für das Video-, Individual- und Setup-Menü. Auch hier können Sie im „iA"-Betrieb teilweise deutlich weniger Dinge direkt steuern.

Also drehen Sie das Modusrad auf „P" und starten Sie im Menü mit dem obersten Icon links, der kleinen roten Kamera. Hier, im **Aufnahme-Menü**, steuern Sie zentrale Features direkt an, beispielsweise Bildstil, Seitenverhältnis, Bildtyp, Bildstil, Bildgröße, Blitzprogramme, AF-Modus, 4K-Foto-Einstellungen, Zeitraffer, Seriengeschwindigkeit, Art der Belichtungsmessung …

Ähnliches gilt für das **Video-Menü**. Im **Individual-** und **Setup-Menü** hingegen legen Sie eher grundlegende Parameter rund um die Themen Belichtung, Fokus/Auslöser oder Betrieb der Kamera (beispielsweise die Programmierung der Fn-Tasten oder die verschiedenen Funktionen des Touchscreens) sowie (im Setup-Menü) eher seltener benötigte Einstellungen wie Datum/Uhrzeit, Piepton, Wi-Fi/Bluetooth, USB-Modus, Firmware-Abfrage oder Sprache fest.

Im **Wiedergabe-Menü** schließlich lassen sich die auf der Karte gespeicherten Daten bearbeiten, eine Diashow mit Fotos und Filmen programmieren oder Druckeinstellungen festlegen und sogar gespeicherte RAW-Dateien bearbeiten.

Neu im TZ-Lager ist die Rubrik **„Mein Menü"** (fünfte Position), das sich mit den von Ihnen am häufigsten benötigten Features belegen lässt.

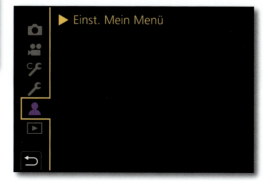

Aufnahme-Menü

Die TZ202 hält im Aufnahme-Menü bis zu vier Bildschirmseiten mit teilweise extrem wichtigen Einstellungen rund ums Standbild bereit. Sie navigieren durch die Menüzeilen mit den Richtungstasten oder dem Einstellrad.
Angefangen beim Bildstil, über den Dateityp (JPEG oder RAW) und den AF-Modus, die Messmethode, 4K-Foto und Post-Fokus, bis hin zu Blitzlicht-Einstellungen, ISO-Feinabstimmung und digitale Zoom-Arten – wir wollen nun gemeinsam mit Ihnen das Aufnahme-Menü Zeile für Zeile erschließen und so bereits eine erste wichtige Grundprogrammierung der Kamera, unabhängig von Ihren fotografischen Vorkenntnissen, erarbeiten.

HANDLING

Bildverhältnis: Hier bestimmen Sie das Seitenverhältnis der Standbilder. Standardmäßig ist das 3:2-Format eingestellt, weil es dem **Seitenverhältnis des Bildsensors** entspricht. Und das bedeutet: Nur hier stehen alle 20 Millionen Bildpunkte des 1 Zoll großen Bildwandlers der TZ202 zur Verfügung. Die anderen drei Bildverhältnisse sind **Beschnitte** des 3:2-Formats. So beträgt die Bildgröße im 1:1-Format nur noch maximal 13,5 Megapixel, weil die Kamera in diesem Seitenverhältnis das Motiv in der Horizontalen und Vertikalen stark beschneiden muss. Auch wenn Sie Pixel verlieren: Arbeiten Sie dennoch – je nach Motivanforderung – mit den alternativen Bildverhältnissen, denn Sie können das gewählte Format exakt auf dem Bildschirm beurteilen und Ihr Foto damit entsprechend bereits vor dem Druck auf den Auslöser gestalten

Das originäre Seitenverhältnis des TZ202-Sensors entspricht mit 3:2 dem klassischen Kleinbildfilm und eignet sich sehr gut für Landschaften und Hochformat-Portraits. 35 mm Brennweite; 1/60 s; ISO 400; Blende f/4; Mehrfeldmessung; -0,3 EV Belichtungskorrektur. Foto: Frank Späth

HANDLING

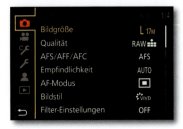

Bildgröße: Wahl der Menge der zur Aufnahme verwendeten Bildpunkte zwischen – beim 3:2-Bildseitenverhältnis – 20 (L), 10 (M) und 5 (S) Megapixel. Wenn Sie ein anderes Verhältnis einstellen, dann sinkt parallel dazu auch die Bildgröße, da die drei Seitenverhältnisse neben dem 3:2 ja durch Pixelreduktion erzeugt werden. Die Lumix zeigt Ihnen bei einer Veränderung der Bildgröße übrigens gleich die noch zu erwartende Aufnahmezahl von Bildern auf der Speicherkarte an („XXX Bilder übrig"). ●✦ Seite176

Wichtig: Sollten Sie eine Zeile weiter unter „Qualität" das RAW-Format gewählt haben, dann lässt sich die Bildgröße nicht ändern und ist ausgegraut. Denn die RAW-Datei beinhaltet stets die vollen 20 Megapixel, die die TZ202 auf dem Sensor nutzt. Und noch ein Hinweis: Bei weniger als 20 Megapixel Bildgröße ist automatisch das „**erweiterte optische Zoom**" („EX") aktiv, also die Verlängerung der Brennweitenwirkung durch Verringerung der Bildgröße (Pfeil im Screenshot). Beispiel: Bei Bildgröße „S" erreichen Sie in Kombination mit dem i.Zoom eine Brennweitenwirkung von **über 1000 mm**.

Qualität: Einstellung des **Bildtyps** (JPEG oder RAW) und der **JPEG-Kompression** („Fein" mit 6-Kästchen-Symbol oder „Standard" mit 3-Kästchen-Symbol). Zudem können JPEG und RAW parallel gespeichert werden, das JPEG dabei wahlweise in einer der beiden Kompressionsstufen. Denken Sie grundsätzlich daran: Wenn Sie das RAW verwenden, stehen manche Kamerafunktionen wie beispielsweise die Auswahl der Bildgröße, das i.Zoom oder HDR **nicht zur Verfügung** – die entsprechenden Menüzeilen sind ausgegraut. Auch das Schwenkpanorama lässt sich ausschließlich im JPEG-Format aufzeichnen. ●✦ Seite182

AFS/AFF/AFC: Ein wenig reingewürfelt mitten in die Thematik „Bildgröße und -qualität wirkt der dritte Punkt im Aufnahme-Menü: „AFS/AFF". Die TZ202 bietet drei verschiedene **Fokusmodi**, also Arten der automatische Scharfstellung. Sie haben die Wahl zwischen „AFS" und „AFF" und „AFC". „AFS" ist der statische AF, die Kamera löst also erst aus, wenn sie die Schärfe fixiert hat. „AFF" ist eine Mischung aus „AFS" und dem kontinuierlichen „AFC" (der seine eigene Schalterstellung hat).

Tipp: Sie können auch per Schnell-Menü (●✦ Seite 41) zwischen AFS und AFF umschalten. Mehr zum Thema Fokusmodus finden Sie auf ●✦ Seite 222

HANDLING

Empfindlichkeit: Nicht minder bildqualitätsbestimmend wie Bildgröße, Dateityp oder Kompression ist die Einstellung der ISO-Empfindlichkeit. Wir werden auch dieses Thema später noch ausführlich besprechen, denn mit dem ISO-Wert eng zusammen hängt das unangenehme Phänomen des **Bildrauschens**. Die TZ202 bietet manuelle ISO-Stufen zwischen 80 und 25.600 (um alle Werte zu erreichen, müssen Sie im Individual-Menü/Belichtung die „Erweiterte ISO" einschalten). Dazu kommen die automatische Wahl durch die Kamera („**Auto**") und die „intelligente Empfindlichkeit" („**i.ISO**"), bei der die Lumix den ISO-Wert automatisch (bis zur von Ihnen auf der nächsten Bildschirmseite des Aufnahme-Menü eingestellten „ISO-Obergrenze") erhöht, wenn sie Bewegung im Motiv erkennt. Das ermöglicht kürzere Verschlusszeiten und damit mehr Schärfe bei bewegten Motiven.
➥ Seite196

AF-Modus: Hier (und auch im Schnell-Menü, unterer Screenshot) hat der Fotograf verschiedene Möglichkeiten, die automatische Scharfstellung (AF) zu beeinflussen. Anders gesagt: Sie können bestimmen, wie die TZ ihre bis zu **49 Autofokus-Messfelder** steuern soll. Sie haben die Wahl zwischen: „Gesichtserkennung" (der AF stellt vorrangig auf Gesichter scharf), „AF-Verfolgung" (Sie visieren mit dem Auslöser ein Detail im Motiv an, das anschließend vom AF verfolgt wird, wenn Sie den Bildausschnitt verändern), „49 Feld" (alle Felder werden einbezogen, die Lumix entscheidet dabei aber eigenständig, auf welches Detail sie scharfstellt), „Multi-Individuell" (Sie programmieren bestimmte Messfelder und Messfeldgruppen und speichern diese ab – Screenshot unten).

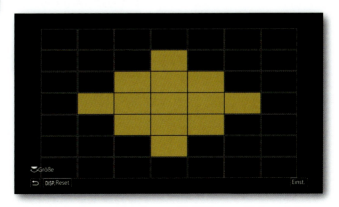

29

HANDLING

Dazu kommen „1 Feld" (die Fokussierung erfolgt in dem Feld in der Bildmitte, dessen Größe und Position Sie variieren können) und der „Punkt"-AF für eine extrem präzise Scharfstellung auf kleinste Details.

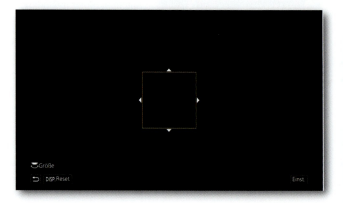

Tipp: Nutzen Sie für Standardmotive den „49-Feld"-AF und lassen Sie die Kamera die Fokussierung auf das Hauptmotiv erledigen. Stellt die Lumix nicht dorthin scharf, wo Sie es wünschen, schalten Sie auf „1-Feld"-AF um. Wenn Sie dies tun und auf die „DISP"-Taste drücken, dann können Sie sogar Größe und Position des Messfeldes mit dem Vierrichtungswähler und dem Einstellrad festlegen (Screenshot oben) und das Feld beispielsweise bei Stativaufnahmen und Makros exakt an die gewünschte Stelle im Motiv schieben. ●← Seite 230

Bildstil: Auswahl verschiedener Charakteristika („Standard", „Lebhaft", „Natürlich", „Monochrom", „L.Monochrom", „Landschaft", „Portrait" und „Benutzerspezifisch") und **gezielte Veränderung** von Schärfe, Kontrast, Farbsättigung und Rauschminderung. Auch wenn grundsätzlich das RAW als Alternativformat zur Verfügung steht, können Sie hier nach einem Klick nach unten wichtige Parameter wie Scharfzeichnung oder kcamerainterne Rauschunterdrückung gezielt regulieren, um die JPEGs später entweder effizienter nachzubearbeiten oder direkt von der Speicherkarte zu drucken. ●← Seite162

HANDLING

Filter-Einstellungen: In dieser Zeile des Aufnahme-Menüs lassen sich die verschiedenen **Kreativfilter** zuschalten, die eine Menge Abwechslung in Ihre Fotos und Videos bringen können und die Sie unbedingt ausprobieren sollten. Das Ganze können Sie auch direkt am Modusrad erledigen, indem Sie es auf die Position zwischen den Szeneprogrammen („SCN") und dem „intelligenten Automatikmodus" („iA") stellen. ↭ Seite166

Hier, im Aufnahmemenü, aber haben Sie zusätzlich die Option **„Simultane Aufnahme ohne Filter"** (Screenshot), die Sie nach der Wahl eines der Filter aktivieren können. Dann speichert die Kamera nach dem Auslösen ein zweites Bild ohne den jeweiligen Filtereffekt. Das ist beispielsweise dann sinnvoll, wenn Sie mit einem der Schwarzweiß- oder dem Sepia-Kreativfilter fotografieren und das Bild parallel auch in Farbe auf der Karte vorliegen soll. **Achtung**: Der Menüpunkt lässt sich nur dann aktivieren, wenn auch einer der Effektfilter ausgewählt wurde. Wenn Sie vor der Wahl eines Filters das RAW-Format oder 4K-Foto gewählt haben, steht die simultane Aufnahme nicht zur Verfügung.

Arbeiten Sie im RAW-Format, dann wird der Effekt zwar bei der Wiedergabe der Datei in der Kamera angezeigt, geht beim Öffnen mit einem RAW-Konverter wie Silkypix oder Adobe Camera RAW aber verloren. Bei „RAW + JPEG parallel" enthält nur das JPEG-File den jeweiligen Effekt; die RAW-Datei kann also in diesem Fall ebenfalls als „Backup" des Original-Motivs dienen.

Farbraum: Hier haben Sie die Auswahl zwischen „sRGB" (Standard) und „Adobe RGB" – also dem normalen Angebot gehobener Digitalkameras. Üblicherweise arbeiten Digitalkameras im universellen sRGB-Raum, der sich ideal für die Bildwiedergabe auf Computermonitoren oder TV-Screens eignet.

„**sRGB**" sollten Sie einsetzen, wenn es um die elektronische Präsentation der Bilder oder das direkte Ausdrucken geht. Auch wenn Sie nicht planen, Ihre Bilder aufwändig am Rechner nachzubearbeiten, ist sRBG der bessere Farbraum für Sie. Sollen die Fotos später beispielsweise dem Magazin- oder Buchdruck zuge-

HANDLING

INFO

Bildstil „L.Monochrom"

Unter den Bildstilen der TZ202 findet sich „L.Monochrom". Er unterscheidet sich vom herkömmlichen „Monochrom"-Stil vor allem durch eine noch gesättigtere und kontrastreichere, meist auch dunklere Wiedergabe von Graustufen (siehe Bilder auf der rechten Seite). Wie für alle Bildstile gilt auch hier: Sie lassen sich im RAW-Format problemlos nachträglich mit der Software **Silkypix** anbringen.
Tipp: Die beiden Monochrom-Stile können auch mit **virtuellen Farbfiltern** kombiniert werden (drücken Sie dazu im jeweiligen Bildstil-Menü ganz nach unten – unterer Screenshot). Mit Hilfe solcher Farbfilter lassen sich bei Schwarzweiß-Aufnahmen die Kontraste je nach Farbe anheben oder dämpfen.

Standard

HANDLING

HANDLING

führt werden, empfiehlt sich hingegen das zweite Farbschema: „**Adobe RGB**" ist ein von Adobe entwickelter Farbraum, der in erster Linie als Ausgangspunkt für die spätere Druckwiedergabe im CMYK-Farbraum gedacht ist. Der Farbumfang von Adobe RGB ist größer als bei sRGB und deckt den größten Teil des druckbaren Farbspektrums ab. Das stellt sicher, dass bei der (für den Ausdruck nötigen) Umwandlung von RGB nach CMYK so viele Farben wie möglich erhalten bleiben. Adobe RGB beinhaltet also Farbbereiche, die Sie am Bildschirm gar nicht sehen können, die aber beim Ausdruck zu einer verbesserten Wiedergabe beitragen. Übrigens können Sie im **RAW-Format** auch noch nachträglich den Farbraum auswählen.

Messmethode: Hier treffen Sie eine Auswahl aus den Belichtungsmess-Charakteristika Mehrfeld, mittenbetont und Spot. Ebenfalls abrufbar übers Schnell-Menü. Auch dazu später Beispiele und Hintergründe im Praxis-Kapitel, ab Seite 131

Helligkeitsverteilung: In der nächsten Zeile des Aufnahme-Menüs zu finden: die „Helligkeitsverteilung". Was zunächst etwas unverständlich klingt, wird klarer, wenn man sich den englischen Begriff für die Funktion ansieht: „Highlight/Shadow" steht für die Möglichkeit, die **Gradation des Bildes** noch vor der Aufnahme mithilfe einer Live-Gammakurve zu steuern, also gezielt entweder die Lichter oder die Schatten zu betonen.
Drei Anpassungen sind vorprogrammiert: „Mehr Kontrast", „Weniger Kontrast" und „Schatten aufhellen". Sie können aber auch Ihre **eigene Gammakurve erstellen**.
Nutzen Sie den Touchscreen und ziehen Sie an den Kurven oder drehen Sie am Einstellrad, um die dunklen Bildstellen zu verändern, und am Objektivring, um die hellen Partien zu steuern.

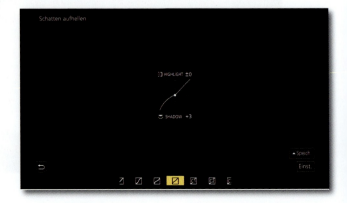

HANDLING

Nach links Drehen schwächt die Werte jeweils ab, nach rechts verstärkt sie. Auf dem Monitor oder im Sucher können Sie in Echtzeit beobachten, wie sich die Schatten aufhellen oder die Lichter verstärken. Häufig wiederkehrende Gradationskorrekturen lassen sich auf drei verschiedenen Speicherplätzen („Benutzerspez.") ablegen und bei Bedarf schnell abrufen.

Die „Helligkeitsverteilung ist im Grunde die manuelle Alternative zur „i.Dynamik", auf die wir im nächsten Punkt zu sprechen kommen. Sie kann zum Beispiel bei extrem hellem Sonnenlicht eingesetzt werden (hier dann optimalerweise mit der Option „Weniger Kontrast") oder dazu dienen, bei flauem Licht mit „Mehr Kontrast" etwas Leben ins Bild zu zaubern, ohne an der Helligkeit etwas ändern zu müssen. Grundsätzlich wendet sich diese Art der Kontraststeuerung an **JPEG-Fotografen**, die ihre Bilder nicht mehr nachbearbeiten wollen.

Bei nächtlichen Motiven wie diesem kann die Funktion „Schatten aufhellen" für eine bessere Durchzeichnung der dunklen Stellen im Bild sorgen. Speichern Sie dennoch parallel ein RAW. Foto: Frank Späth

Vorsicht: Der Eingriff in die Dynamik eines Bildes hat weitreichende Folgen für dessen Weiterverarbeitung und den Druck. Auch sollten Sie beim Einsatz hoher ISO-Werte die Schatten nicht zu sehr aufhellen, weil damit das Rauschen deutlicher in Erscheinung tritt. Wenn Sie unsicher sind beim Einstellen der Gradation, dann speichern Sie auf jeden Fall parallel ein RAW, denn hier kommen die Änderungen nicht zur Anwendung.

HANDLING

i.Dynamik: Und hier kommt die eben schon angedeutete **automatische Anpassung der Gradation** durch die Kamera. Sie soll verhindern, dass bei kontrastreichen Motiven (beispielsweise, wenn Sie bei gleißender Mittagssonne in eine dunkle Gasse hineinfotografieren) dunkle Bereiche schwarz zulaufen und helle weiß ausfressen. Die i.Dynamik lässt sich in drei Stärken („Low", „Standard", „High") oder automatisch anpassen und auch abschalten. Für die gezielte Nachbearbeitung deaktivieren oder auf „Low" stellen; RAW ist parallel speicherbar (hier wird die i.Dynamik aber nicht wirksam). Auf der rechten Seite finden Sie ein Beispiel für das Wirken der intelligenten Dynamik. Grundsätzlich arbeitet die automatische Gradationsanpassung zuverlässig und kann in der Stellung „Auto" oder „Standard" beim Großteil Ihrer Motive zugeschaltet werden.

i.Auflösung: Schalten Sie die „intelligente Auflösung" in verschiedenen Stärken zu, dann unterzieht die Lumix-Software jedes Bild einer speziellen Analyse und versucht, den **Schärfeeindruck** durch Anheben des Bildkontrastes zu steigern. Das funktioniert gut und kann als Tipp bei den meisten Fotos im „Standard"-Modus auch aktiviert werden. Die „High"-Stufe schärft recht kräftig nach, sodass die Kanten im Bild überzeichnet werden. „Standard" geht behutsamer ans Werk.

Blitzlicht: Hier stellen Sie (aber nur, wenn der elektronische Verschluss deaktiviert ist oder im „Auto"-Modus läuft und auch die „Stummschaltung" nicht aktiv ist) die verschiedenen Optionen für den kleinen Pop-up-Blitz der Lumix TZ202 ein. Übrigens lassen sich die Blitzmodi auch via Schnell-Menü steuern, (rechter Screenshot).

Das Angebot unter „**Blitzlicht-Modus**" reicht vom Aufhellblitz, der stets gezündet wird, wenn Sie auf den Auslöser drücken, bis hin zum kräftigen Vorblitz zur Reduzierung des Rote-Augen-Effekts. Der Buchstabe „S" neben dem Blitzsymbol steht für das Blitzen mit längeren Verschlusszeiten („Slow" – für Langzeitsynchronisation). Mehr zum Blitzeinsatz im Praxiskapitel. ⚫➔ Seite171

HANDLING

Die iDynamik sorgt für eine automatische Anpassung der Gradation und kann gerade bei kontrastreichen Motiven wie diesem zugeschaltet werden, wenn Sie im JPEG-Format arbeiten. Beim oberen Bild war die iDynamik deaktiviert, beim unteren wurde sie in der Stärke „High" zugeschaltet. Fotos: Frank Späth

HANDLING

TIPP

i.Auflösung: Bringt das was?

Die zuschaltbare „intelligente Auflösung" ist eine kamerainterne Bildbearbeitung, die automatisch abläuft und die den Schärfeeindruck des Bildes steigert. Wir haben das am PHOTOGRAPHIE-Testchart ausprobiert und zeigen rechts je eine starke Ausschnittvergrößerung von zwei JPEGs, die mit deaktivierter i.Auflösung und mit i.Auflösung „Stark" aufgenommen wurden. Tatsächlich wirkt der Ausschnitt mit intelligenter Auflösung ein wenig schärfer und knackiger, auch wenn die Unterschiede bei Betrachtung des Gesamtbildes eher gering ausfallen. Im Telebereich hat die i.Auflösung übrigens einen größeren Effekt, denn das 15fach-Zoom der TZ202 neigt – wie alle Superzooms – mit länger werdender Brennweite dazu, „weichere" Bilder zu produzieren, weil die Kontrastleistung mit steigender Brennweite abnimmt. Dem können Sie durch Zuschalten der i.Auflösung durchaus ein wenig entgegenwirken. Natürlich ersetzt dieser Trick keine Nachbearbeitung am Computer, wo Ihnen zur Aufhübschung eines flauen oder leicht unscharfen Fotos wirkungsvollere Werkzeuge zur Verfügung stehen – vor allem, wenn Sie im RAW-Format gearbeitet haben. Wer aber meist mit JPEG arbeitet und die Bilder nicht nachbearbeiten will, der kann die i.Auflösung ruhig einschalten, denn Nachteile bringt sie in diesem Fall nicht. Die i.Auflösung kann übrigens auch beim Filmen verwendet werden, hier konnten wir aber beim Betrachten der mit der TZ202 gedrehten Filme am PC-Monitor keine nennenswerten Unterschiede ausmachen.

HANDLING

i.Auflösung aus

i.Auflösung stark

HANDLING

Hinweis: Die wählbaren Modi gelten für die „normalen" Belichtungsprogramme wie P, A, S oder M. Befindet sich das Modusrad in der „iA"-Position („intelligente Automatik"), dann steuert die Lumix den Blitz selbstständig – Sie erkennen das am kleinen „A" hinter dem Blitzsymbol rechts oben auf dem Bildschirm.

„**Blitz-Synchro**": Dieser Parameter bestimmt, ob die Kamera am Anfang der Belichtungszeit („1ST") oder an deren Ende den Blitz feuern soll („2ND"). Letzteres wirkt besser bei bewegten Objekten, die vor dunklem Hintergrund angeblitzt werden.

„**Blitzkorrektur**": Hier können Sie die Stärke des Gehäuseblitzes zwischen -2 und +2 Belichtungsstufen nach unten oder oben korrigieren. Eine Minus-Korrektur macht vor allem bei sehr nahen Motiven Sinn. Haben Sie einen Korrekturfaktor eingegeben und den Blitz ausgeklappt, dann erscheint neben dem Blitzsymbol oben auf dem Monitor ein kleines „+" oder „-" als Erinnerung. **Achtung**: Die Korrektur bleibt auch nach dem Ausschalten der Kamera aktiv!

„**Rote-Augen-Reduzierung**": Hier ist die **digitale** Rote-Augen-Korrektur gemeint (symbolisiert durch das Pinselchen am Blitzsymbol – rechter Screenshot). Sie arbeitet unabhängig vom Rote-Augen-Vorblitz und versucht durch eine Retusche die roten Augen von bei wenig Licht angeblitzten Personen zu retuschieren. Das ist nicht ohne Risiko für das Bildergebnis, also lieber deaktiviert lassen.

ISO-Obergrenze(Foto): Hier legen Sie fest, welchen ISO-Wert die Lumix im **„Auto"-ISO-Betrieb** maximal verwenden darf, also bis zu welcher Empfindlichkeit sie maximal geht. Es stehen Werte zwischen ISO 200 und ISO 12.800 zur Auswahl. Je höher Sie die ISO-Zahl vorgeben, desto flexibler kann die Kamera bei wenig Licht agieren, da ihr hohe Empfindlichkeitswerte mehr Reserven für eine kurze Verschlusszeit und damit höhere Verwacklungssicherheit liefern als niedrige. Mit steigender ISO-Zahl nimmt aber das Bildrauschen zu, also sollten Sie es nicht übertreiben mit der Vorgabe. Als Standard können Sie ruhig der Kamera die Bemessung der Obergrenze überlassen („AUTO"), oder manuell die ISO-Automatik bei 3200 begrenzen.

HANDLING

INFO

Das Schnellmenü („Q.MENU") auf einen Blick

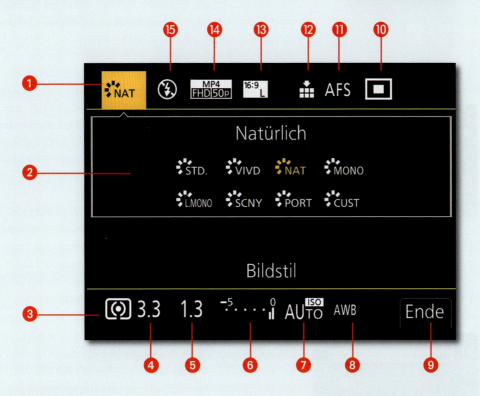

- ❶ Bildstil
- ❷ Aktuelle Auswahl (hier: Bildstil)
- ❸ Belichtungsmess-Charakteristik
- ❹ Blende (nur Anzeige)
- ❺ Verschlusszeit (nur Anzeige)
- ❻ Belichtungskorrektur
- ❼ ISO-Einstellung
- ❽ Weißabgleich-Einstellung
- ❾ Schnell-Menü schließen (Touchscreen)
- ❿ AF-Modus (Feldsteuerung)
- ⓫ Fokus-Modus
- ⓬ Bildqualität (JPEG / RAW)
- ⓭ Bildgröße und Seitenverhältnis
- ⓮ Video-Qualität
- ⓯ Blitz-Modus

HANDLING

Max(imale) Bel(ichtungs)-Zeit: Hier können Sie die TZ so einstellen, dass sie beim Arbeiten in der **Programm- (P) oder Blendenautomatik (A)** eher **kürzere** Belichtungszeiten einsteuert als in der Werkseinstellung. Das Ganze ist vor allem gedacht für die Sport- und Actionfotografie – für die Sie aber wohl eher in der Blendenautomatik (S) oder mit manueller Belichtungseinstellung (M) arbeiten. Je nach Verschlussart stehen Ihnen zwischen 1 s und 1/16.000 s zur Wahl, wobei bei Actionszenen natürlich nur die kurzen Zeiten (ab ca. 1/1000 s) Sinn machen. Die längeren Zeiten (z. B. 1/15 s) können Sie hingegen als eine Art „Verwacklungsschutz" im P- und A-Betrieb einstellen, denn dann vermeidet es die TZ, mit noch längeren und daher verwacklungsgefährdeteren Zeiten zu arbeiten.

Mit der „Maximalen Belichtungszeit" legen Sie also fest, welche Zeit die TZ202 in P und A **auf keinen Fall unterschreiten** sollte, **wenn der ISO-Wert automatisch** (ISO Auto) eingesteuert wird. Daher lässt sich die Menüzeile auch nur bei aktivierte ISO-Automatik ansteuern (und ist auch in der „S-" oder „M"-Stellung des Modusrads ausgegraut).
Reicht das Licht aus, dann versucht die Kamera, so nahe wie möglich an die gewünschte kürzeste Zeit heranzukommen und erhöht dafür die Empfindlichkeit in den Grenzen der von Ihnen für die ISO-Automatik erlaubten Maximalwerte. Gefahr dabei: steigendes Bildrauschen. Unserer Erfahrung nach sollten Sie die maximale Belichtungszeit im „Auto"-Modus lassen.

Langz(eit)-Rauschreduzierung: Dies ist eine kamerainterne Maßnahme gegen die Auswirkungen des Rauschens bei Belichtungszeiten ab ca. **1 Sekunde** oder länger (je nach ISO-Wert) – und setzt zwingend ein Stativ voraus! Die Rauschreduzierung bei derart langen Zeiten funktioniert nach dem Prinzip einer Doppelbelichtung mit Dunkelbild (der Fachbegriff dafür lautet „Dark Frame Subtraction"). Weil unmittelbar nach der Belichtung eine zweite Aufnahme mit derselben Belichtungszeit, aber bei geschlossenem Verschluss gemacht wird, kann die Kamerasoftware im Vergleich von Aufnahme und Dunkelbild einen Großteil der **Störpixel** im Bild erkennen (hierunter fallen übrigens auch tote Pixelelemente auf dem Sensor) und rechnet sie sehr effizient aus dem Bild heraus. Bedenken Sie, dass sich bei der Dunkelbild-Methode die **Verschlusszeit verdoppelt** und die Lumix in dieser Zeit nicht verwendet werden kann.

HANDLING

Beugungskorrektur: Bei dieser Korrektur sollen die negativen Auswirkungen der Beugung eliminiert oder zumindest abgeschwächt werden, die durch zu starkes **Schließen der Blende** verursacht werden – ein in der Digitalfotografie allgegenwärtiges Problem. Die Korrektur ist nicht nachträglich in der Silkypix-Software möglich und muss also – wenn gewünscht – direkt in der Kamera stattfinden („Auto").

Wie Beugung entsteht und welche Auswirkungen sie auf die Bildqualität hat – hier eine kurze Erklärung: Licht besteht aus Wellen, und Wellen werden an Hindernissen gebrochen, wo sie ihre ursprüngliche Bewegungsrichtung ändern und ihren Weg nicht mehr geradlinig fortsetzen können. Resultat: Ein Punkt im Motiv wird auf der Sensorebene nicht mehr als Punkt, sondern als **Scheibchen** abgebildet und damit unscharf.

In einem Objektiv tritt Beugung vor allem an den Kanten der Blendenlamellen auf – und zwar um so stärker, je weiter die Blende geschlossen wird. Denn mit kleiner werdender Blendenöffnung vergrößert sich der Durchmesser des als Scheibe abgebildeten Punktes, die **Unschärfe wächst** also.

Gerade die immer zahlreicher und damit immer kleiner werdenden Fotodioden („Pixel") auf modernen Bildsensoren verstärken den Beugungseffekt nachhaltig, da die Beugungsscheibchen um ein Vielfaches **größer als die einzelnen Fotodioden** ausfallen können. Zwar sind die rund 20 Millionen Pixelelemente der TZ202 mit einem Durchmesser von jeweils ca. 2,4 Mikrometern größer als bei typischen Kompaktkameras, dennoch kann sich das Schließen der Blende auf den kleinsten Wert f/8,0 auf die Bildqualität auswirken. Lassen Sie also die Beugungskorrektur grundsätzlich aktiviert („AUTO").

TIPP

Kurzinfos abrufen

Wenn Sie beim Ansteuern einer Zeile in den Menüs der TZ202 auf die „DISP"-Taste drücken, wirft die Kamera einen kleine Infobildschirm mit einer einfachen Erläuterung des jeweiligen Features aus. Ein erneuter Druck auf „DISP" beendet die Anzeige der Kurzinfos.

HANDLING

MOTIV-WORKSHOP

Available Light-Fotografie mit und ohne Stativ

Ob Szeneprogramm oder komplett manuelle Steuerung, bei Aufnahmen unter schlechten Lichtbedingungen oder in dunklen Räumen ohne Stativeinsatz ist vor allem eines wichtig: eine stabile Kamerahaltung. Dies können Sie auf verschiedene Weise erreichen. Zum einen natürlich durch den ins Objektiv der TZ202 integrierten O.I.S.-Bildstabilisator. Er verhindert bis zu einer gewissen Verschlusszeitengrenze, dass die Bewegungen Ihrer Hand beim Fotografieren zu verwackelten Ergebnissen führen. Das Ganze funktioniert gut, hat aber seine Grenzen – und das nicht nur beim Einsatz der verwacklungsgefährdeten langen Brennweiten. Auch bei Nachtaufnahmen mit Belichtungszeiten von zum Teil mehreren Sekunden beispielsweise ist selbst die beste Bildstabilisation wirkungslos. Am besten, Sie testen sich ein und versuchen herauszufinden, wie weit die Stabilisierung wirkt – denn natürlich hängt der Antiwackelschutz auch stark mit Ihrer Kamerahaltung und mit der eingestellten Brennweite zusammen – je kürzer die ausfällt, desto geringer die Verwacklungsgefahr (siehe Bild rechte Seite).

Stichwort Kamerahaltung: Bei Available Light-Bildern sollten Sie sich ein stabiles Handling angewöhnen, was mit dem kleinen Reisezoomer am ausgestreckten Arm gar nicht so einfach ist. Nutzen Sie also den elektronischen Sucher Ihrer Lumix und pressen Sie dabei die Arme eng an den Körper – wie bei unserem Beispiel rechts, wo wir mit 1/10 s und ruhiger Haltung noch eine scharfe Aufnahme hinbekommen haben. Noch besser: Sie fotografieren vom Stativ oder stellen die Lumix während der Belichtung auf eine ebene und stabile Oberfläche (Tischplatte, Mauer, Sims...). Benutzen Sie zum Start der Belichtung nun den Selbstauslöser (untere Taste des Vierrichtungswählers), um Erschütterungen durch das Drücken des Auslösers zu eliminieren. 2 Sekunden reichen hier in der Regel – noch komfortabler ist natürlich die erschütterungsfreie Wi-Fi-Steuerung der TZ via Panasonics Image-App.

Neben Stabilisation oder Stativ hilft auch ein erhöhter ISO-Wert gegen Verwacklungen. Allerdings sollten Sie nicht vergessen, dass mit der ISO-Zahl auch das Bildrauschen ansteigt. Für Reportagefotos ohne Blitzeinsatz kann die durch das Rauschen verursachte „Körnung" im Bild durchaus förderlich sein, unterstreicht sie doch eher den dokumentarischen Charakter des Fotos – so wie man es von hochempfindlichen Filmen aus dem analogen Fotozeitalter gewohnt ist. Möchten Sie hingegen nächtliche Stadtansichten aufnehmen und später vergrößern, dann sollten Sie das Rauschen so gering wie möglich halten. Und das geht nach wie vor am besten durch Reduzierung der ISO-Empfindlichkeit auf einen niedrigen wie ISO 100 oder 200. Da sich nun natürlich die Verschlusszeit verlängert, landen wir wieder beim Stativ. Wenn Sie also hohe Ansprüche an die Qualität haben, dann sollten Sie ein Stativ mit sich führen und die ISO-Zahl gering halten. Vermeiden Sie den Einsatz der „intelligenten Automatik" oder von Motivprogrammen, da hier der ISO-Wert meist schnell heraufgesetzt wird und meist nicht beeinflussbar ist. Verwenden Sie am besten die Programm-, Zeit- oder Blendenautomatik und fixieren Sie den ISO-Wert im unteren Bereich.

HANDLING

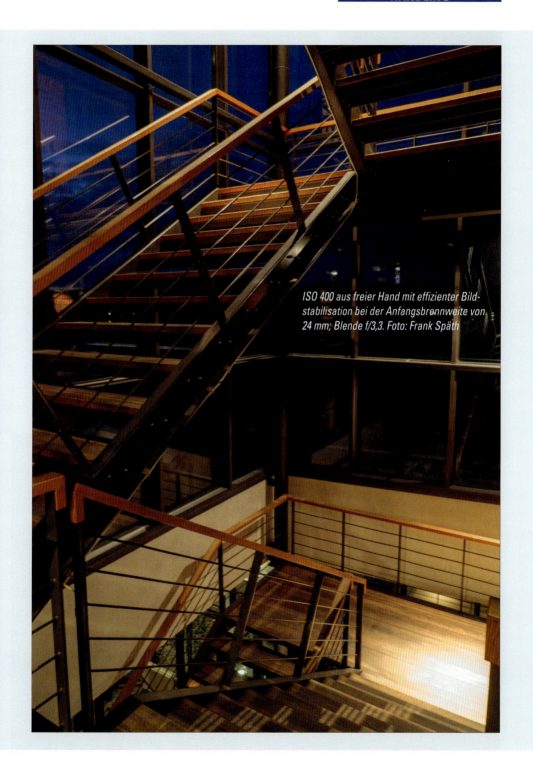

ISO 400 aus freier Hand mit effizienter Bildstabilisation bei der Anfangsbrennweite von 24 mm; Blende f/3,3. Foto: Frank Späth

HANDLING

Stabilisator: Die nächste Option steuert den ins Objektiv eingebauten mechanischen O.I.S.-Bildstabilisator – sowohl für Foto- als auch für Filmaufnahmen. Das obere Symbol steht für „normalen" Stabilisator-Betrieb, das heißt, die TZ202 gleicht sowohl horizontale als auch vertikale Bewegungen aus. Das untere Symbol („Schwenken", rechter Screenshot) gleicht beim Fotografieren nur vertikale Bewegungen aus, aber keine horizontalen und eignet sich damit für **Mitzieher**. Das sind Aufnahmen von bewegten Objekten, bei denen die Kamera parallel zur Bewegung des Motivs mitgezogen wird. So entsteht ein meist kernscharfes Hauptobjekt mit einem dynamisch verwischten Hintergrund. Daher soll der Stabilisator bei solchen Aufnahmen keinen horizontalen Verwacklungsausgleich vornehmen. Für Videos, Post-Fokus- und 4K-Fotos steht der Mitzieher-Stabilisator nicht zur Verfügung. Abschalten können Sie den Stabi, wenn Sie dauerhaft mit kurzen Verschlusszeiten (1/1000 s und kürzer) arbeiten oder wenn die Lumix fest auf einem Stativ sitzt.

HANDLING

i.Zoom: In Sachen Telebrennweite ist die TZ202 besser bestückt als ihre Vorgängerin und bietet mit 360 mm optischer Endbrennweite erstaunlich viel Tele angesichts der Größe ihres Bildsensors und der Kompaktheit ihres Gehäuses. Mit 360 mm holen Sie auch weiter entfernte Motivdetails nahe heran und decken das Gros der Motivsituationen, die Ihnen begegnen werden, locker ab. Wem die Endbrennweite indes einmal nicht ausreicht, der kann die **Telewirkung** mit mehreren Kniffen **steigern**. Einer davon heißt „i.Zoom". Es „verdoppelt" die Endbrennweite des Zooms und erzielt damit den Bildwinkel eines **720-mm**-Teles.
Diese „Verlängerung" ermöglicht es, weit entfernte Dinge größer im Bild darzustellen. Dabei muss der Anwender nicht einmal auf Pixel verzichten (wie das beim „erweiterten optischen Zoom" der Fall ist, wo eine Reduktion der Bildgröße automatisch zu einem kleineren Bildwinkel und damit mehr Tele führt). Stattdessen beruht „i.Zoom" auf einer recht effizienten kamerainternen Nachbearbeitung des Bildes mit Panasonics „intelligenter Auflösung"-Technik. Hier vergrößert die Kamera den gewünschten Ausschnitt und rechnet das Bild dann wieder auf die gewünschte Bildgröße (z. B. 20 Megapixel) hoch. Dabei optimiert sie Kontrast und Kantenschärfe raffiniert, sodass die Bildqualität des „i.Zoom" zwar nicht ganz an eine optische Brennweite heranreicht, aber auch nicht weit davon entfernt ist. Trauen Sie sich also ruhig, das „i.Zoom" für weiter entfernte Motive dazuzuschalten. Sie erkennen es übrigens am **hellblau verlängerten Zoombalken** auf dem Display (siehe Screenshot).

Digitalzoom: Die zweite Möglichkeit zur „Brennweitenverlängerung" hält der nächste Menüpunkt bereit: Das Digitalzoom erlaubt bei der TZ202 ebenfalls eine **2fache** Vergrößerung der optischen Endbrennweite. Schalten Sie das Digitalzoom zu, dann erhalten Sie beim Zoomen ans Ende des **dunkelblauen Balkens** einen Bildwinkel, der – genau wie beim i.Zoom – einem 720-mm-Tele entspricht.
Wichtig: i.Zoom und Digitalzoom lassen sich beim Modell 202 **nicht** miteinander kombinieren, zudem funktionieren beide ausschließlich in Kombination mit dem **JPEG-Format**. Im **„iA"-Betrieb** ist das intelligente Zoom übrigens automatisch aktiviert, sobald Sie in den hellblauen Bereich zoomen.

Die Vor- und Nachteile der „künstlichen" Zooms der TZ202 werden uns im Praxisteil noch beschäftigen: ⌁ Seite 242

HANDLING

Seriengeschwindigkeit: In Sachen Serienbildgeschwindigkeit zeigt sich die TZ202 im Vergleich zur Vorgängerin gezügelt, denn die TZ101 bot noch das „SH"-Serienbild mit 50 Bildern pro Sekunde. Allerdings schaffte die 101 dieses Tempo nur eine Sekunde lang, nur mit elektronischem Verschluss, stark reduzierter Bildgröße und statischem Autofokus. Angesichts der Möglichkeiten von 4K-Foto (die jetzt auch gleich besprochen werden) war der SH-Modus der TZ101 ohnehin eher verzichtbar – und aus diesem Grund hat man ihn bei der TZ202 wohl gleich ganz gestrichen.

Die **drei Serienbild-Tempi** der TZ202 lauten: „H", „M" und „L" und sind nicht ganz so schnell, dafür aber wesentlich universeller einsetzbar. So arbeiten alle auf Wunsch mit maximaler Bildgröße, im RAW-Format und sowohl mechanischem als auch elektronischem Verschluss. Bei **„H"** erreicht die 202 bis zu **10 Bilder pro Sekunde**, allerdings ebenfalls nur mit statischem, also auf das erste Bild der Serie fixiertem Autofokus. Soll sie bei „H" die Schärfe nachführen (also mit AFC oder AFF arbeiten), dann reduziert sich das Tempo auf 6 B/s. In beiden Fällen sehen Sie aber während der Serie nicht das Live-Bild, wie der Sensor es aufzeichnet, sondern eine Art Vorschau. Bei Tempo **„M"** sind bis zu 7 Bilder in der Sekunde drin (6 mit AF-Nachführung) – und grundsätzlich Live-View. Sie sehen also, was während der Serie passiert, in Echtzeit auf dem Monitor oder im Sucher. **„L"** schafft 2 Bilder pro Sekunde mit Nachführung und Live-View.

Wichtig: Um die Serienbilder zu aktivieren (nachdem Sie hier die gewünschte Frequenz eingestellt haben) müssen Sie die **untere Taste** des Vierrichtungswählers drücken („Antriebsmodus") und auf die Position „Serienbilder) stellen. Hier können Sie auch (mit der oberen Richtungstaste) die Serienbildfrequenz noch einmal ändern (Kreis im Screenshot). Alternativ lässt sich das Serienbild übers Schnell-Menü aktivieren (obere Leiste, ganz rechts).
Und noch etwas: Vergessen Sie nicht, den „Antriebsmodus" nach der Serienaufnahme wieder zurück auf „Einzeln" zu stellen, sonst fotografiert die TZ weiter im Stakkato, auch wenn sie zwischenzeitlich ausgeschaltet war. Das aktive Serienbild erkennen Sie an der Anzeige rechts oben auf dem Monitor.

↪ Seite 246

HANDLING

4K-Foto:: Wie fast alle aktuellen Lumix-Kameras ist auch die TZ202 mit der „4K-Foto"-Funktion ausgestattet, die wir eben im Zusammenhang mit dem Serienbildbetrieb bereits angesprochen haben. Das dem 4K-Foto zugrundeliegende 4K-Videoformat nutzt nicht nur dem Filmer, sondern auch und gerade dem Fotografen. Denn dank 4K-Technik hat er die Möglichkeit, aus einem Video **Standbilder mit 3328 x 2496 Pixeln (8 Megapixeln)** zu „schneiden". So verschmelzen Bewegt- und Standbild, denn eine Filmsequenz kann nun dazu dienen, Actionszenen zunächst einmal im Video festzuhalten, um später in Ruhe den gewünschten Moment zu markieren, zu extrahieren und als JPEG zu speichern (siehe Bilderquartett unten). Das geht direkt in der Kamera, kann aber auch am Computer erledigt werden.

HANDLING

Die 4K-Foto-Funktion rufen Sie am schnellsten mit der Fn1/4K-Taste oder über die untere Richtungstaste ab. **Hinweis**: 4K-Foto **verlängert** die Brennweite des TZ202-Zooms auf 36-540 mm. Sie haben also deutlich weniger Weitwinkel-, dafür aber mehr Tele-Wirkung zur Verfügung. Das gilt auch fürs 4K-Video. Zunächst können Sie hier, im Aufnahme-Menü, zwischen **drei verschiedenen 4K-Foto-Funktionen** wählen:

4K-Serienbilder (in der Art einer Serienbildfunktion mit 30 Bildern pro Sekunde, solange Sie den Auslöser durchdrücken), **4K-Serienbilder S/S** (30 Bilder pro Sekunde, Starten und Stoppen mit je einem Druck auf den Auslöser, wie beim Filmen) sowie **4K-Serienbilder Pre-Burst** (vor und nach dem Auslösen werden jeweils eine Sekunde lang rund 30 Bilder in den internen Speicher aufgenommen).

Das faszinierende Thema 4K-Foto wird uns ebenfalls im Praxisteil dieses Buches noch beschäftigen. ⇒ Seite 250

Selbstauslöser: Ebenfalls über das Aufnahme-Menü programmiert und über den „Antriebsmodus" aktiviert wird der Selbstauslöser. Zur Wahl steht – neben 2 und 10 Sekunden Vorlauf – auch eine Option (die mittlere, rechter Screenshot), bei der die Kamera nach 10 Sekunden die Belichtung startet und dabei 3 Bilder hintereinander im Abstand von jeweils ca. 2 Sekunden aufnimmt – eine gute Wahl für ein Gruppenbild mit Fotograf, bei dem fast immer jemand die Augen geschlossen hat.

Zeitrafferaufnahme. Es geht kreativ weiter im Aufnahme-Menü: mit dem Zeitraffer: Er ermöglicht es, in festgesetzten **Intervallen** automatisch Bilder aufzunehmen und noch in der Kamera zu einem Zeitraffervideo zusammenzufügen. Das ist ideal für die Tierbeobachtung oder die Dokumentation eines Prozesses, wie beispielswei-

HANDLING

se das Öffnen einer Blüte. Dabei können Sie die Anfangszeit und die Zeit zwischen den einzelnen Aufnahmen einstellen. Wichtig, wenn Sie eine festgelegte Startzeit für die Zeitrafferaufnahme wünschen: Stellen Sie zuvor die Uhr im Setup-Menü richtig ein! Bei den Zeitintervallen haben Sie die Wahl zwischen einer Sekunde und 99 min 59 s. Bis zu 9999 Bilder lassen sich auf diese Weise in einer festgelegten Reihe aufnehmen. Die Lumix zeigt nach dem Start der Aufnahme in einer kleinen weißen Zeile die Uhrzeit an, an dem der Zeitraffer komplett ist, schaltet bei längeren Intervallen zwischendurch in den Standby-Modus, um Strom zu sparen, wacht aber zu jeder anstehenden Belichtung rechtzeitig wieder auf. Am Ende der Reihe schaltet sich die Kamera komplett ab. Mit der **„Fn1"-Taste** können Sie die laufende Zeitraffer-Aufnahme pausieren oder stoppen.

Warum die Zeitraffer-Aufnahme nicht „Intervall-Aufnahme" heißt, ist schnell erklärt: Die TZ zeigt die Einzelbilder auf der Karte als eine Art Mini-Film an, den Sie auf dem Display oder per HDMI-Verbindung abspielen können. Stecken Sie die Speicherkarte jedoch ins Lesegerät Ihres Computers, dann liegen alle Fotos als Einzeldateien vor. Intervall-Aufnahmen funktionieren sowohl im JPEG als auch im RAW-Format. Im **Wiedergabe-Modus** können Sie die Einzelbilder übrigens zu einem MP4-Film kombinieren und speichern – sogar in 4K-Auflösung!

Stop-Motion-Animation: Bei der Stop-Motion-Animation wird eine einstellbare Serie von Einzelbildern geschossen und gespeichert. Auch sie liegen später auf der Speicherkarte als einzelne Dateien vor, lassen sich aber auch in der Kamera zu einem Animationsfilm – einer Art **digitales Daumenkino** – zusammenfügen. Mit dieser Technik werden beispielsweise animierte **Trickfilme** erstellt.

Die Idee dahinter: Von Aufnahme zu Aufnahme wird das Motiv leicht verändert (beispielsweise können Sie eine kleine Figur nach jeder Belichtung ein wenig verschieben). Später werden die Einzelbilder zu einem **MP4-Video** mit verschiedenen wählbaren Bildraten kombiniert und ergeben einen Animationsfilm. Wichtig für die Animation ist zum einen die Dauer der Aufnahme – hier brauchen Sie unter Umständen viel Geduld – und vor allen Dingen definitiv ein stabiles **Stativ**. Je nach später gewünschter Bildrate (also der Frequenz in Bildern pro Sekunde, mit der das MP4-Video ablaufen soll) müssen Sie für ein paar Minuten Stop-Motion-Material eventuell eine Stunde oder mehr aufnehmen.

HANDLING

Zunächst müssen Sie entscheiden, ob die Kamera die Bildserie in wählbaren Intervallen **automatisch** aufnehmen soll, oder ob Sie selbst Bild für Bild **manuell** auslösen wollen (am besten mit Selbstauslöser). Bei der Auto-Aufnahme können Sie Intervalle zwischen 1 und 99 Sekunden von Bild zu Bild wählen.

Klicken Sie nun auf „Start" und „Neu" (für eine neue Serie) und drücken Sie den Auslöser, und die Kamera erledigt die Serie mit dem voreingestellten Intervall automatisch, bis die Karte voll, 9999 Bilder gespeichert sind oder der Akku leer ist. Stichwort „Karte voll": Für kleine Stop-Motion-Filme im Internet müssen Sie nicht unbedingt die volle Bildgröße oder gar das RAW-Format einstellen. Sie können die Serie jederzeit unterbrechen, indem Sie eine Taste drücken (auch, um beispielsweise Einstellungen wie Weißabgleich oder ähnliche während der Serie zu ändern) und mit dem Auslöser neu starten. Um die Serie zu stoppen, drücken Sie zweimal die „MENU/SET"-Taste, dann „Stop-Motion-Aufnahme beenden"/ „Video jetzt erstellen".

Im folgenden Bildschirm wählen Sie die gewünschte MP4-Qualität (hier ist auch 4K möglich, Full-HD mit 60p/50p oder 25p reicht für moderne HD-TVs völlig aus, HD ist eher fürs Web oder ältere Flat-TVs gedacht) und die Bildrate. Je höher diese, desto schneller läuft die Animation ab – und desto kürzer ist das Video. Welche Frequenz die richtige ist, hängt vom Motiv und Ihren Vorstellungen von der Animation ab – hier sollten Sie auf jeden Fall **mit verschiedenen Einstellungen experimentieren**.

Fazit: Zeitraffer- und Stop-Motion-Animationen sind ein echtes Highlight! Der Clou: Sie können auch Bilder mit den verschiedenen **Kreativfiltern** der Lumix aufnehmen. Allerdings nur, wenn Sie die Filter direkt nach dem Einstellen der Animationsaufnahme auf der Touchscreen-Registerkarte am rechten Bildschirmrand ausgewählt haben. Probieren Sie beispielsweise einmal die Kombination „Miniatureffekt" und Stop-Motion-Animation aus.

Stummschaltung: Dank dieser Funktion zeichnet sich die TZ202 auf Wunsch durch eine Tugend besonders aus: Diskretion. Dafür sorgt vor allem der zuschaltbare elektronische Verschluss, der völlig geräuschlos und erschütterungsfrei abläuft. Ihn haben Sie bei

HANDLING

MINI-WORKSHOP

Zeitraffervideos erstellen

Wenn Sie eine Zeitraffer-Serie aufgenommen haben, dann können Sie diese noch in der Kamera zu einem MP4-Video zusammenbauen lassen. Gehen Sie dazu in den Wiedergabe-Betrieb (Play-Taste drücken) und wählen Sie unter „Wiedergabe" auf Bildschirmseite 2 den Punkt „Zeitraffervideo" (Screenshot rechts). Nun suchen Sie mit dem Vierrichtungswähler auf der Karte die gewünschte Zeitraffer-Serie aus (erkennbar an dem kleinen Stapelsymbol mit Selbstauslöser-Icon, siehe Kreis im Screenshot unten). Im folgenden Bildschirm legen Sie fest, in welcher Qualität und mit welcher Bildfrequenz das Video erstellt werden soll.

Bei der Qualität haben Sie die Wahl zwischen 4K und Full-HD (1920 x 1080 Pixel – ideal für die Wiedergabe am normalen

TV-Gerät) sowie HD (1280 x 720). Unter „Einzelbildrate" bestimmen Sie die Frequenz, mit der die gespeicherten Intervallbilder wiedergegeben werden. Bei 5 oder 8,3 Bildern pro Sekunde dauert das Zeitraffervideo länger, die Veränderungen von Bild zu Bild laufen langsamer ab. Bei 12,5 oder 25 Bildern pro Sekunde entsteht ein deutlich kürzeres Video mit schnellerer Abfolge der einzelnen Bilder.

HANDLING

unseren Ausführungen zum Aufnahme-Menü ja bereits kennengelernt. Der Befehl „Stummschaltung" geht noch einen Schritt weiter und **schaltet die Kamera mit einem Tastenklick völlig stumm**. Dazu aktiviert sie den elektronischen Verschluss, deaktiviert sämtliche Pieptöne und unterdrückt auch optisch störende Zeichen wie etwa Blitz oder AF-Hilfslicht. So gerüstet, können Sie also beispielsweise bei einer Trauung aus der vordersten Reihe schießen, ohne irgendjemanden zu stören.

Verschlusstyp: Von ihrer Vorgängerin geerbt hat die TZ die Möglichkeit, zwischen zwei verschiedenen Arten des Verschlusses zu wählen: dem mechanischen Zentralverschluss „**MSHTR**" (der übrigens im Objektiv und nicht vor dem Sensor sitzt) und einem komplett elektronisch gesteuerten „Verschluss" mithilfe des Sensors („**ESHTR**"). Im **„Auto"-Betrieb** entscheidet die Kamera je nach Ausgangslage selbst, welchen Verschlusstyp sie einsetzt, bevorzugt aber in der Regel den mechanischen, da er insgesamt weniger Einschränkungen mit sich bringt als der elektronische.

Beide Verschlusstypen haben nämlich ihre Vor- und Nachteile. So beträgt die längstmögliche Belichtungszeit beim **elektronischen** Verschluss gerade mal 1 Sekunde (mechanischer Verschluss: 60 Sekunden, im „T"-Betrieb sogar bis zu 2 Minuten), dafür arbeitet er bis zur ultrakurzen **1/16.000 s** (siehe unsere beiden Screenshots unten links). Stellen Sie also beispielsweise den „Verschlusstyp" auf „ESHTR" und arbeiten mit der Blendenautomatik („S"), dann schaltet die TZ bei Erreichen der 1/2000 s (das ist die kürzestmögliche Zeit, die der mechanische Verschluss realisieren kann) auf den elektronischen Verschluss um – Sie können das auf dem Display am kleinen Auslösersymbol mit einem „E" darüber erkennen .

Neben seiner Geschwindigkeit hat der elektronische Verschluss einen weiteren, in der Praxis fast noch wichtigeren Vorteil: er arbeitet **völlig lautlos**. Sie hören allenfalls ein simuliertes Verschlussgeräusch, wenn Sie im Setup-Menü unter „Signalton" die „Auslöse-Lautstärke" nicht deaktiviert haben. Dieser Vorteil wiegt aber bei einer Kompaktkamera wie unserer TZ nicht so

HANDLING

schwer wie bei den recht kernig klingenden Schlitzverschlüssen in den Lumix- (oder anderen) Systemkameramodellen, denn der mechanische **Zentralverschluss** macht keine wirklich lauten Geräusche.

Am besten, Sie aktivieren, wenn es diskret zugehen muss, gleich die eben beschriebene „Stummschaltung", dann nämlich ist der elektronische Verschluss automatisch aktiv (das „Verschlusstyp"-Menü ist dann auch ausgegraut und nicht zugänglich) – zudem sind alle sonstigen Kameratöne sowie das Blitz- und AF-Hilfslicht ausgeschaltet. Der elektronische Verschluss ermöglicht übrigens auch Funktionen wie 4K-Foto oder Post-Fokus. Bei diesen Technologien wird der elektronische Verschluss automatisch von der Kamera aktiviert, unabhängig von der Einstellung unter „Verschlusstyp".

So leise und flott der elektronische Verschluss auch sein mag: Widerstehen Sie der Versuchung, ihn dauerhaft zu aktivieren! Denn durch das zeilenweise Auslesen der Pixel auf dem Bildsensor entsteht ein **zeitlicher Versatz**, der bei schnell bewegten Objekten Lagefehler und Verzerrungen im Bild produziert (**„Rolling Shutter"-Effekt**) – siehe Bild, das mit elektronischem Verschluss aufgenommen wurde. Beim Fotografieren unter Neonbeleuchtung kann es beim Einsatz des elektronischen Verschlusses außerdem zu Streifenbildung kommen, wählen Sie hier also lieber den mechanischen Verschluss.

Weiterer Nachteil: Leider zündet beim elektronischen Verschluss **der Blitz nicht** (sonst stünden Ihnen Blitz-Zeiten von bis zu 1/16.000 s zur Verfügung). Fürs Blitzen sollten Sie also „Auto" oder „MSHTR" wählen. Aber dank Zentralverschluss kommen Sie bei der TZ202 mit einer kürzesten „Blitzsynchronzeit" von 1/2000 Sekunde auch ganz gut hin, wenn es beispielsweise ums Aufhellen des nahen Vordergrundes bei hellem Umgebungslicht aus kurzen Distanzen geht.

HANDLING

MOTIV-WORKSHOP

Landschaft: Mit Licht und Format gestalten

Wer eindrucksvolle Landschaften auf die Speicherkarte seines Reisezoomers bannen will, der sollte einige Regeln beachten – und auch hier führt der beste Weg nicht zwangsläufig über eine der vielen Automatikfunktionen.

Die wichtigste Regel lautet: Fotografieren Sie zur richtigen Tageszeit! Am Licht in einer Landschaft können Sie nichts ändern – und gegen grelle Mittagssonne sind Sie meist machtlos. Sie dünnt die Farben aus, zwingt die Kamera zu kurzen Belichtungszeiten und/oder kleinen Blenden und wirft harte Schatten, die zu heftigen Kontrasten führen. Deutlich entspannter geht es lichttechnisch in der Frühe oder am Abend zu. Jetzt sind die Kontraste weich, die Schatten länger – womöglich zieht am Morgen Nebel auf. Tipp: Bei langweiligem oder hartem Sonnenlicht helfen die Kreativfilter oder ein spezieller Bildstil. Das Bild unten wurde mit dem Filter „Grobes Schwarzweiß" aufgenommen

Neben dem Licht spielt auch das Seitenverhältnis für ein gutes Landschaftsfoto eine oft unterschätzte Rolle. Vor allem für Aufnahmen im Querformat (englisch: „Landscape") sollten Sie ruhig unter „Bildverhältnis" das 16:9-Format zuschalten. Es ist deutlich breiter als das standardmäßige 4:3 und stellt somit die Weite einer Landschaft besser dar. Zudem ist die Gestaltung des Himmels- und Vordergrundanteils im Bild einfacher. Auch bei der Betrachtung der Fotos auf einem HD-Fernseher macht sich das 16:9-Seitenverhältnis im Querformat deutlich besser und wird ohne Balken und Ränder angezeigt.

Unser Bild rechts entstand im 16:9-Hochformat und bildet so den kleinen Wanderweg auf der Düne sehr schön ab. Fotos: Frank Späth

HANDLING

HANDLING

Bracketing: Unter diesem Menüpunkt programmieren Sie die automatische **„Belichtungs"-Reihe** („Bracketing") – und die bezieht sich bei weitem nicht nur auf die Helligkeit, sondern umfasst auch weitere Arten wie das **Blenden-, Fokus- und Weißabgleich-Bracketing**. Will heißen: Mit der Bracketing-Technik können Sie in einem Rutsch variierende Bilder speichern, wahlweise mit automatisch alternierender Helligkeit, Blendenöffnung, Schärfepunkt oder Farbwiedergabe.

Zunächst wählen Sie die „Bracketing-Art" aus:

Beim klassischen **Belichtungs-Bracketing** nimmt die TZ202 bis zu sieben Einzel- oder Serienbilder mit unterschiedlichen Helligkeiten auf, aus denen Sie sich später die am besten belichteten aussuchen können. Unter **„Schritt"** legen Sie zum einen fest, wie viele Bilder pro Reihe belichtet werden sollen, zum anderen in welcher jeweiligen Spreizung. Beispiel: „3.1" (siehe Screenshot) bedeutet: 3 Bilder pro Reihe mit jeweils 1 EV Belichtungsabstand. Auf der Balkengrafik am unteren Bildschirmrand wird die Zahl der Fotos und deren Spreizung in gelben Markierungen symbolisiert.

Tipp: Das Belichtungs-Bracketing können Sie auch aufrufen, indem Sie die obere Richtungstaste zweimal drücken (Pfeil im Screenshot) und dann mit dem Einstellrad die gewünschte Spreizung wählen.

Nach der Belichtungs-Reihe können Sie als weitere Art auch das **Blenden-Bracketing** auswählen („F"), allerdings nur dann, wenn das Modusrad auf der **Position „A"** (also Zeitautomatik mit Blendenvorwahl) steht, damit die Kamera die jeweilige Belichtungszeit entsprechend anpassen kann. Beim Blenden-Bracketing haben Sie unter „Mehr Einstellungen" / **„Bildzähler"** die Wahl, ob Sie mit drei verschiedenen Blendenöffnungen oder mit allen arbeiten wollen.
Die Kamera belichtet anschließend das Motiv als schnelle Serie mit **variierender Blendenöffnung** und legt so Fotos mit verschiedenen Schärfentiefen auf der Speicherkarte ab, aus der Sie sich später am Computer in Ruhe die passenden aussuchen

HANDLING

können. Am besten, Sie arbeiten dabei mit nur einem Fokusmessfeld und richten dieses auf jene Stelle im Motiv, die scharfgestellt werden soll. Nun drücken Sie den Auslöser kurz durch, und die Lumix schießt automatisch eine Serie und blendet dabei von Bild zu Bild das Objektiv Stufe für Stufe ab. Durch die variierende Blendenöffnung verändert sich beim Blenden-Bracketing die **Schärfentiefe**, was aber nur bei Motiven im Nahbereich wirklich sichtbar wird.

Noch einen Schritt weiter geht das **Fokus-Bracketing**, das es ermöglicht, eine Vielzahl von Bildern mit jeweils leicht **abweichender Entfernungseinstellung** auf einmal aufzunehmen und als Einzelbilder abzuspeichern. Die TZ sollte dazu aufs **Stativ**, um auch die kleinste Verschiebung von Bild zu Bild zu vermeiden. Unter „Mehr Einstellungen" / „Bildzähler" können Sie **bis zu 999 Bilder pro Fokus-Reihe** wählen. Mit „Schritt" wählen Sie die Schrittweite der jeweiligen Entfernungsänderung von Bild zu Bild ein: „+1" bedeutet extrem kurze Steps (für kleinste Details bei extremen Abbildungsmaßstäben), „+10" lange Steps (für große Entfernungsunterschiede im Motiv, etwa bei Stadtansichten aus der Höhe). Für den Anfang sollten Sie mit 4er- oder 5er-Schritten arbeiten. Die Menge der Einzelaufnahmen richtet sich nach der Ausdehnung der Schärfe, die Sie im späteren Ergebnis der Reihe erzielen wollen, und dem Abbildungsmaßstab. Für durch und durch scharfe Makros sollten es schon mindestens 20 bis 50 Einzelbilder sein – denn die werden optimalerweise später am Computer zu einem einzigen Bild, das alle Schärfeinformationen auf einmal enthält, verschmolzen. Eine laufende Fokus-Belichtungsreihe können Sie mit der „MENU/SET"-Taste abbrechen.
Fokus-Reihen (und auch die **Post-Fokus-Funktion**) eignen sich für alle Motive, bei denen Sie **mehr Schärfentiefe** wünschen als Sie mit den „Bordmitteln" erreichen können. Das können Landschaftsbilder sein, vor allem aber Makros. Wichtig ist, dass sich im Motiv nichts verändert und Sie die Kamera während der Reihe nicht bewegen oder den Ausschnitt verändern. Die TZ speichert die Bilder einer Reihe hintereinander auf der SD-Karte ab. Mit spezieller Software wie beispielsweise „Helicon Focus" oder der Ebenen-Technik in Photoshop lassen sich die Fotos später zu einem einzigen Bild mit maximaler Schärfentiefe kombinieren. Tipp: Mit einer Post-Fokus-Aufnahme können Sie das Ganze via **Focus Stacking**, sogar direkt in der Kamera erledigen.
→ Seite 66

HANDLING

Die letzte Bracketing-Funktion bezieht sich auf zwei die **Weißabgleich-(WB-) Belichtungsreihe**. Sie arbeitet anders als die übrigen drei Bracketing-Arten, denn sie produziert nur ein einziges Foto, das sie dann in drei Variationen auf der SD-Karte abspeichern. Und sie sind nur im JPEG-Format verfügbar.

Bei der **WB-Reihe** stellen Sie mit dem Einstellrad unter „Mehr Einstellungen" die Farbspreizung auf einer Achse von Grün nach Magenta bzw. Gelb nach Blau steuern (Screenshot rechts).

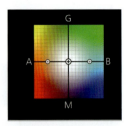

Unterm Strich lohnt sich das Anfertigen einer WB-Reihe aber nicht wirklich, da Sie bei farbkritischen Motiven deutlich besser fahren, wenn Sie das RAW als (paralleles) Bildformat auswählen und damit den gezielten Weißabgleich auf die Nachbearbeitung am PC verlagern.

HDR: Für JPEG-Bilder mit einem möglichst **hohen Kontrastumfang** macht die Lumix auf Wunsch eine 3er-Serie mit verschiedenen Helligkeiten, die sie sofort und ohne Zutun des Fotografen zu einem Bild kombiniert. Unter „Set" lässt sich die HDR-Funktion steuern. So können Sie beispielsweise unter „Dynamischer Bereich" die Belichtungsspreizung der einzelnen Aufnahmen zwischen 1 und 3 Lichtwerten festlegen oder dies der Kamera je nach Motiv überlassen („Auto").

Die „Auto-Ausrichten"-Funktion eine Zeile weiter hilft dabei, dass leichte (!) Veränderungen des Bildausschnitts während der HDR-Reihe von der Kamerasoftware beim Zusammenbauen der fertigen Aufnahme automatisch ausgeglichen werden.
Für das Anfertigen der HDR-Reihe lassen Sie den Finger auf dem Auslöser und achten darauf, während der Serie den Bildausschnitt nicht zu verändern, denn auch „Auto-Ausrichten" hilft nichts, wenn Sie wackeln. Beim Test der HDR-Funktion haben wir erfreut festgestellt, dass „Auto-Ausrichten" recht zuverlässig arbeitet und somit die HDR-Funktion deutlich nutzbarer macht als noch bei früheren Modellen. Dennoch gilt: Für technisch perfekte HDR-Bilder arbeiten Sie optimalerweise mit **Stativ und Selbstauslöser**.

Hinweis: HDR ist bei aktiviertem RAW-Format nicht verfügbar – auch nicht, wenn Sie den JPEG-/RAW-Parallel-Speichermodus

HANDLING

Die HDR-Funktion beschert gerade bei Nachtmotiven oft besser durchzeichnete Ergebnisse, da sie drei verschieden helle Aufnahmen automatisch miteinander kombiniert. Noch effizienter basteln Sie HDRs aber am Computer mit spezialisierter Software, hier mit „Nik HDR-Efex". Foto: Frank Späth

eingestellt haben. Auch funktioniert HDR weder mit dem i.Zoom oder Digitalzoom noch mit dem Blitzlicht und verlängert die Brennweite des Zooms auf 25-375 mm. Dafür lässt es sich mit der „**i.Dynamik**" kombinieren, was den Effekt noch verstärken kann – übertreiben Sie es aber nicht mit der Dynamik, denn solche Fotos wirken schnell unrealistisch.

Und erliegen Sie auf keinen Fall der Versuchung, generell mit HDR oder hoher „i.Dynamik"-Korrektur zu arbeiten – viele Fotos leben gerade erst vom kräftigen Kontrast zwischen Hell und Dunkel und wirken schnell langweilig, wenn sich alle Tiefen und Höhen in mittlerem Grau auflösen.

Achtung: Wenn Sie Ihr HDR angefertigt haben, vergessen Sie nicht, die Funktion wieder abzuschalten. Denn HDR bleibt aktiv, bis Sie es hier im Aufnahme-Menü wieder deaktivieren – selbst wenn Sie die Kamera zwischenzeitlich ausschalten. Das aktive HDR zeigt Ihnen die TZ202 übrigens mit der Abkürzung „HDR" auf dem Bildschirm (Screenshot) an.

HANDLING

Mehrfach-Belichtung: Mit der TZ101 ins Reisezoomer-Lager eingeführt wurde die Mehrfach-Belichtung. Diese Technik war zu analogen Zeiten recht beliebt, wurde in der digitalen Ära dank einfacher Bildbearbeitungsmöglichkeiten aber lange Zeit vergessen. Die Mehrfachbelichtung vereint mehrere (bis zu vier) Aufnahmen in einem Bild. Früher hat die analoge Kamera dazu einfach den Filmtransport angehalten und wiederholt auf dasselbe Filmbild belichtet.

Mit „Auto-Signalverstärkung" lässt sich die Belichtung der Einzelbilder automatisch angleichen, und mit „Zusammenfügen" können bereits auf der Karte gespeicherte Bilder mit neuen Aufnahmen überlagert werden.

Gehen Sie zum Erstellen einer Mehrfach-Belichtung aus neuen, noch nicht gespeicherten Bildern folgendermaßen vor: Stellen Sie zunächst das **„Zusammenfügen"** auf **„Off"**. Wählen Sie nun „Mehrfach-Belichtung" / „Start" und lösen Sie aus. Die Mehrfachbelichtung funktioniert im RAW- und im JPEG-Format. Nun blendet die Lumix das Livebild transparent über das eben gemachte Bild ein. Klicken Sie auf „Weiter", suchen Sie sich den passenden Ausschnitt und lösen Sie aus. Sie können währenddessen bei Bedarf die Belichtung korrigieren. Wenn Sie die Mehrfach-Belichtung beenden wollen, klicken Sie auf „Ende", ansonsten auf „Weiter". Das können Sie bis zu drei Mal machen, dann müssen Sie die Reihe mit „Ende" speichern. Mit der „Fn3"-Taste (Schnell-Menü) können Sie die Belichtung jederzeit abbrechen.

Haben Sie hingegen **„Zusammenfügen"** gewählt, dann müssen Sie **als erstes Bild** für die Mehrfach-Belichtung ein **bereits gespeichertes RAW** aussuchen und können dieses mit bis zu drei **Neuaufnahmen** überlagern. Dazu starten Sie erneut die Mehrfach-Belichtung und navigieren mit dem Vierrichtungswähler zum gewünschten Bild. Haben Sie dieses gefunden, lösen Sie nicht aus, sondern betätigen Sie die **„MENU/SET"-Taste**. Ab jetzt gehen Sie genauso vor wie vorhin beschrieben und speichern die Aufnahmen mit „Ende".

Tipp: Das zu überlagernde Bild können Sie mit der Belichtungskorrektur (obere Richtungstaste) in seiner Helligkeit anpassen und so mehr oder minder transparent machen. Das Zoom lässt sich für die neuen Aufnahmen nicht benutzen, dafür steht die manuelle Fokussierung zur Verfügung.

HANDLING

MOTIV-WORKSHOP

Vorsicht bei verschiedenen Lichtquellen!

Mit ein paar Tipps zu den Einstellungen der TZ sind Sie gut gerüstet für Aufnahmen bei wenig Licht oder unterschiedlichen Beleuchtungsverhältnissen. Das kann die berühmte „Blaue Stunde" sein oder auch eine Innenraumaufnahme, die von verschiedenen Lichtquellen beleuchtet wird. Die Herausforderungen, die solche Motive an Kamera und Fotograf stellen, sind vielfältig – daher sollten Sie solche Szenen nicht blindlings der „intelligenten Automatik" anvertrauen.

Denn bei Bildern mit wenig Licht geht es meist nicht in erster Linie darum, künstliches Licht in die Szene zu zaubern (beispielsweise durch den Blitz), sondern mit dem vorhandenen Angebot an Licht klarzukommen. Dann nämlich werden Sie mit stimmungsvollen, authentischen Bildern belohnt – sofern Sie ein paar Dinge beachten.

Zunächst: Blitz nicht aktivieren, ISO auf „Auto" oder auf 800 bis 1600 stellen, Kamera stabil halten (natürlich bei aktiviertem Bildstabilisator). Mit möglichst wenig Tele, großer Blendenöffnung (z. B. f/3,3) und einer möglichst kurzen Verschlusszeit haben Sie bei wenig Licht das stets akute Problem der Verwacklung meist gut im Griff. Die bei Mischlichtsituationen drohenden Farbstiche bekommen Sie mit manuellem Weißabgleich gebändigt – noch besser: mit dem RAW-Format. Denn hier lässt sich der Weißabgleich auch noch bequem später setzen. Unser Bild unten entstand bei ISO 800 mit automatischem Weißabgleich. Im JPEG sah man einen kräftigen Rotstich, der sich im RAW-File am Computer mit Silkypix ohne großen Aufwand herauskorrigieren ließ.

Post-Fokus:
Nicht im Aufnahme-Menü zu finden ist die Post-Fokus-Funktion der TZ202 – wir wollen sie dennoch an dieser Stelle bereits besprechen. Sie erreichen das Feature über die Fn2-Taste. Post-Fokus ist eine Panasonic-exklusive Technik, die auf der **4K-Aufnahme** basiert und die es dem Fotografen ermöglicht, den gewünschten Schärfebereich in einem Bild nachträglich festzulegen – direkt in der Kamera. So sollen nicht nur Fehlfokussierungen vermieden werden, sondern sich weitere fotografische Freiheiten eröffnen, beispielsweise, was das Gestalten mit unterschiedlichen Schärfeebenen in ein und demselben Motiv betrifft. Im Prinzip steckt hinter „Post-Fokus" der alte Fotografentraum vom **Fokussieren nach der Aufnahme**.

Möglich macht dies (neben 4K) die **DFD**- („Depth from Defocus")-**Autofokustechnologie** in Kombination mit dem Venus-Engine-Prozessor. Sie sorgt während einer 4K-Foto-Serie mit 30 Bildern pro Sekunde dafür, dass der Fokus vom Nahbereich bis Unendlich vollautomatisch knapp 50 Schärfebereiche durchfährt und deren Entfernungsinformationen im 4K-Video mitspeichert. Nach der Aufnahme kann auf dem Kameramonitor das beste Foto mit der gewünschten Schärfeebene aus der Serie ausgewählt werden. Besonders bei schwierig zu fokussierenden Motiven (wie etwa Makros) oder Szenen, bei denen der Fotograf im Nachhinein entscheiden will, wo eine oder mehrere Fokusebenen liegen sollen, bietet die pfiffige Technik nicht nur höhere Sicherheit, sondern viel Kreativität. Beachten Sie, dass sich bei Auswahl der „Post-Fokus"-Funktion (wie bei allen 4K-Features) die **Brennweitenwirkung auf 36-540 mm verlängert**.

Post-Fokus ist sehr einfach zu bedienen: Um die Funktion zu starten drücken Sie in der werksseitigen Programmierung der TZ auf die **„Fn2"-Taste**. Schalten Sie Post-Fokus an, visieren Sie Ihr Motiv – am besten mit der Kamera auf dem Stativ oder einer ruhigen Kamerahaltung ohne allzu viel Tele. Auch sollte es sich um möglichst statische Motive handeln – vor allem, wenn Sie vorhaben, später nicht nur ein einzelnes oder zwei Bilder zu extrahieren, sondern viele Aufnahmen zu einem Foto mit hoher Schärfentiefe zusammenzubauen (nächste Doppelseite).

Drücken Sie den Auslöser sanft durch, und die Kamera startet mit der Aufnahme. Dabei arbeitet die Lumix stets mit allen 49 AF-Feldern (um ebenso viele verschiedene Schärfeebenen speichern zu können) und elektronischem Verschluss (daher ist kein Blitzeinsatz

HANDLING

möglich). Bei der Wahl des Belichtungsprogramms (P/A/S/M oder iA) und des Seitenverhältnisses (aber stets mit 8 Megapixel Bildgröße) haben Sie freie Hand. Sogar Kreativfilter und Szeneprogramme lassen sich mit Post-Fokus kombinieren.

Während der knapp 2 Sekunden dauernden Aufnahme können Sie gut beobachten, wie die grünen AF-Felder nacheinander aufleuchten und übers Motivfeld „wandern" – alle diese Messpunkte werden in einer 4K-Datei auf der Karte gespeichert.

Nach der Aufnahme drücken Sie die **Wiedergabe-Taste**. Achten Sie bei der Bildanzeige auf dem Kameramonitor auf das Post-Fokus-Symbol. Drücken Sie die obere Richtungstaste. Nun können Sie mit dem Finger direkt auf dem Touchscreen, mit den Richtungstasten oder dem Einstellrad den Bereich des Bildes markieren, den Sie fokussieren und extrahieren wollen.

Tipp: Mit dem **Lupen-Symbol** am linken Bildschirmrand oder mit dem Zoomring können Sie die gewählte Zone vergrößern und via Schieberegler auf dem Touchscreen die Fokussierung noch feinjustieren.

Zwei Aufnahmen mit unterschiedlichen Schärfezonen, die in der Kamera aus einer Post-Fokus-Datei als JPEG extrahiert wurden. Fotos: Frank Späth

Am besten schalten Sie mit der „Fn2"-Taste noch das **Fokus Peaking** zu, das die scharfen Zonen mit einem kräftigen Farbsaum umrandet. Haben Sie die Zone festgelegt, in der das Foto scharf sein soll, drücken Sie auf die „Menu/Set"-Taste. Nun können Sie das Bild mit der festgelegten Schärfeebene als 8-Megapixel-JPEG auf die SD-Karte speichern – ähnlich wie beim Extrahieren eines Standbildes aus einer 4K-Foto-Serie.

Und noch etwas ist dank Post-Fokus möglich: das **Focus Stacking** – und das schauen wir uns nun auf der nächsten Doppelseite genauer an.

HANDLING

MINI-WORKSHOP

Focus Stacking direkt in der Kamera

Eine Post-Fokus-Datei, die Sie mit der TZ202 erstellt haben, lässt sich direkt in der Kamera mithilfe des sogenannten „Focus Stacking" mit mehreren verschiedenen Schärfepunkten zu einem Standbild vereinen. Wählen Sie zunächst im Wiedergabe-Modus die gewünschte Datei aus (erkennbar am kleinen Post-Fokus-Symbol mit den Bergen und der Blume, siehe oberer Screenshot), drücken Sie dann auf die obere Taste des Vierrichtungswählers (mittlerer Screenshot), um die Post-Fokus-Datei zu bearbeiten. Mit der **Fn1-Taste** rufen Sie anschließend das Fokus-Stacking auf. Nun haben Sie die Wahl zwischen **„Auto Mischen"** (Screenshot unten), bei dem die Lumix die nach ihrer Analyse geeigneten in der MP4-Datei fokussierten Bereiche zu einem Foto mit maximaler Schärfentiefe kombiniert, oder (die unseres Erachtens bessere, weil genauer zu kontrollierende Methode) **„Bereich mischen"**, bei der Sie auf dem Touchscreen bestimmte Fokuspunkte und -Bereiche durch Tippen und Verschieben auswählen können (Screenshot rechte Seite oben), die nach Druck auf die „MENU/SET"-Taste dann ebenfalls zu einem Gesamtbild kombiniert werden. Das Foto wird anschließend als 8-Megapixel-JPEG auf die Karte gespeichert.

Noch eleganter als das Stacking in der Kamera ist das Zusammenbauen der Bilder **später am Rechner**. Hierzu können Sie statt der Einzelbilder aus einer Post-Fokus-Aufnahme die (bis zu 999 Aufnahmen) einer **Fokus-Belichtungsreihe** (Aufnahme-Menü/Bracketing) verwenden. Bei dieser haben Sie auch deutlich mehr Einstellmöglichkeiten und können sowohl im RAW-Format arbeiten als auch mit Zeitautomatik, wo Sie mit verschiedenen Blendenöffnungen verschiedene Schärfentiefen erzeugen und kombinieren können.

HANDLING

Wenn Sie „Bereich mischen" gewählt haben, dann können Sie mit der Fingerspitze auf dem Touchscreen die Fokuspunkte auswählen, die in das Stacking mit einfließen sollen (oben). Mit der Fn2-Taste schalten Sie das Fokus Peaking zu (hier Kantenfarbe Blau), das Ihnen genau anzeigt, welche Bereiche scharfgestellt sind.

HANDLING

Panorama-Einstellung: Wir sind beim **Schwenkpanorama** angekommen. Stellen Sie das Modusrad daher auf die entsprechende Position (Kreis im Bild), denn nur dann erscheint als **eigenes Menü** oberhalb des Aufnahme-Menüs die Panorama-Einstellung. Im Gegensatz zu früheren Panorama-Szeneprogrammen geschieht das Anfertigen der Breitbild-Aufnahme nun mit einem einzigen Schwenk – fast so, als würden Sie ein Video drehen.

Vor dem Start der Aufnahme können Sie unter „Richtung" wählen, ob Sie ein **horizontales oder vertikales** Schwenkpanorama aufnehmen wollen und ob es sich um ein „Standard"- oder „Wide"-Bild handeln soll, anschließend drücken Sie den Auslöser durch und schwenken mit der gesamten Kamera in die angezeigte Richtung. Das sollten Sie möglichst gleichmäßig und nicht zu schnell machen – achten Sie zudem darauf, dass Sie dabei **eine halbwegs gerade Linie ziehen**. Auf dem Display sehen Sie eine kleine Animation, die Ihnen den Fortschritt anzeigt.

Ist der Schwenk beendet, baut die Lumix die Einzelbilder gleich zu einem Panorama zusammen. Ein horizontales „Standard"-Panorama enthält maximal 8176 x 1920 Pixel, ein senkrechtes bis zu 2560 x 7680. Das reicht bei 300 ppi-Druckauflösung immerhin für ein ca. **70 x 16 cm großes Panorama-Poster**.

Verwenden Sie den **„Wide"-Modus**, dann schaffen Sie mit einem gezielten Schwenk (und etwas Übung) bis zu **360 Grad** Blickwinkel mit einer horizontalen Bildgröße von bis zu 8176 x 960 Pixel und einer vertikalen von 1280 x 7680 Bildpunkten.

Panoramen lassen sich auch mit den **Kreativfiltern** kombinieren (siehe unser Bild) dazu dürfen Sie natürlich nicht das Modus-

HANDLING

rad verdrehen, sondern wählen die Filter aus der ersten Seite des Aufnahme-Menüs („Filter-Einstellungen"), mit dem Einstellrad oder via Touchscreen (Screenshot) aus.

Achtung: Während des Schwenks passt die Lumix **weder Belichtung noch Fokus** an – das Motiv sollte also keine allzu großen Helligkeitsunterschiede aufweisen. Achten Sie auch darauf, dass möglichst wenig Bewegung im Motiv stattfindet. So werden beispielsweise durchs Bild laufende Personen während der Serie „zerhackt" dargestellt, weil sie während des Schwenks an verschiedenen Stellen aufgenommen wurden. Weiterer Nachteil: Das Schwenkpanorama funktioniert **nur in der Weitwinkel-Stellung** des Zooms, Sie erhalten also gerade bei Landschaften mit 24 mm Brennweite zwangsläufig viel Vordergrund im Bild.

Tipp: Um ein Panorama mit mehr Bildhöhe zu erzielen, wählen Sie einfach unter „Richtung" einen senkrechten Pfeil (siehe Screenshot). Nun nimmt die TZ202 das Panorama in der **Vertikalen** auf. Wenn Sie die Kamera nun ins **Hochformat** drehen und horizontal in Pfeilrichtung schwenken, dann erhalten Sie ein Querformat mit mehr Pixeln auf der schmalen Seite. Diese Taktik hat vor allem für den Ausdruck von Panoramen auf kleineren Papierformaten wie DIN A4 Vorteile. In unserem Workshop auf der nächsten Doppelseite zeigen wir Ihnen jetzt, wie Sie Panoramen mit fast beliebiger Breite, Ihrer Wunsch-Brennweite und mit Belichtungsanpassung von Bild zu Bild erzeugen können.

HANDLING

MINI-WORKSHOP

Beliebig große Panoramen handgemacht

Beeindruckende Breitwandbilder müssen nicht unbedingt mit der Schwenkpanorama-Funktion der TZ202 gemacht werden, sondern können auch aus Einzelbildern nachträglich am Computer mithilfe von Programmen wie beispielsweise Adobe Photoshop erstellt werden. Alles, was Sie dazu brauchen, ist ein Schwung **Einzelbilder**, die Sie optimalerweise im **Hochformat** aufgenommen haben. Mit diesem Trick erhalten Sie mehr Bildhöhe beim fertigen Panorama – die Menge der Einzelbilder bestimmt dabei die Gesamtbreite des Panoramas. Achten Sie von Bild zu Bild auf genügend **Überlappungsbereiche** (mindestens ca. 20 Prozent). Später öffnen Sie die Einzelbilder beispielsweise in Photoshop oder einem auf Panoramen spezialisierten Programm.

In Adobe Photoshop (unser Beispiel) wählen Sie unter „Datei / Automatisieren" den Punkt „Photomerge" aus und können dann das Panorama automatisch aus den Einzelbildern zusammenbauen lassen. Das hat den Vorteil, dass Sie dank der frei wählbaren Zahl von Einzelbildern ein extrem breites und auch hohes Panorama erzeugen können – etwa für spätere Fineart-Drucke.

Das Erstellen eines Panoramas aus Einzelbildern gibt Ihnen zudem viel mehr Freiheiten beim Fotografieren, beispielsweise lässt sich so (im Gegensatz zum vollautomatisierten Schwenkpanorama) das Zoom der Lumix einsetzen und störender Bildvordergrund eliminieren.

HANDLING

Beliebig große Panoramen lassen sich aus Einzelbildern erzeugen – beispielsweise mit der „Photomerge"-Funktion von Photoshop, wie bei unserem Panorama, dessen Einzelbilder wir mit dem Kreativfilter „Impressiv" aufgenommen haben.
Wir haben im Hochformat gearbeitet (was dem fertigen Panorama mehr Bildhöhe gibt) und dieses Panorama aus zwölf Einzelaufnahmen zusammengebaut. Wenn Sie genügend Überlappung von Bild zu Bild gelassen haben, dann stitcht Photoshop die Aufnahmen flott und ansehnlich zusammen.
Vorteil der „manuellen" Panorama-Erstellung: Sie können belichtungs- und fokustechnische Parameter für jede einzelne Aufnahme gezielt den Motivgegebenheiten anpassen. Zudem bekommen Sie auf diese Weise Bildgrößen nach Wunsch zustande.
Foto: Frank Späth

Video-Menü

Drei Bildschirmseiten umfasst das „normale" Menü für Bewegtbilder bei der TZ202 (oberer Screenshot), sofern das Modusrad in der Position P, A, S oder M steht.
Im kreativen Video-Betrieb, also wenn das Modusrad an der entsprechenden Stelle steht (siehe Kreis im Bild), gibt es ein weiteres Menü (unterer Screenshot) mit drei Unterpunkten, die wir gleich zum Start dieses Abschnitts besprechen wollen.

Hinweis: Im „normalen"- Video-Menü finden sich viele bereits aus dem (Foto-)Aufnahme-Menü bekannte Features (z. B. Bildstil, AF-Modus oder Messmethode) wieder, die wir jeweils überspringen werden – wir wollen uns hier auf die filmerisch interessanten und relevanten Einstellungen konzentrieren und Sie grundlegend mit dem Bewegtbild-Angebot Ihrer Lumix vertraut machen.

HANDLING

Im eigenen kleinen Menü für den **kreativen Videobetrieb** (Modusrad!) finden Sie drei Funktionen, mit denen wir starten wollen.

Belichtungs-Modus: Etwa den Belichtungs-Modus. Ähnlich wie beim Fotografieren können Sie auch beim Videodreh im kreativen Filmmodus wahlweise mit der **Programm-, Zeit-, Blendenautomatik oder mit komplett manueller Belichtung** arbeiten. Vor allem das Filmen in der Zeitautomatik mit großer Blendenöffnung ist filmerisch spannend – wenn auch bei einer Kompaktkamera wie der TZ202 lange nicht so beeindruckend wie bei einem Systemkameramodell mit hochlichtstarken Objektiven und deutlich mehr Spielraum beim Gestalten mit der Schärfentiefe.

Übrigens lassen sich **Blende und Belichtungszeit** auch während des Filmens verändern, allerdings hört man beim eingebauten Mikrofon das Geräusch des Einstellrads dabei extrem störend. Von daher unbedingt über den Touchscreen arbeiten. Hier können Sie nach Tippen auf das kleine Videokamerasymbol am rechten Bildschirmrand (Kreis im Screenshot) auf Wunsch Blende und/oder Zeit völlig geräuschlos per Touch-Schieber verändern.

Hochgeschwindigkeits-Video: Diese ebenfalls nur im kreativen Videomodus verfügbare Funktion öffnet das Fenster zu faszinierenden **Zeitlupenstudien**. Mit dem „Hochgeschwindigkeits-Video" drehen Sie MP4-Filme mit **bis zu 100 Frames in der Sekunde** in Full-HD-Auflösung – allerdings ohne Ton, Zoom oder Autofokus. An einem Stück können Sie knapp 30 Minten aufzeichnen, das ergibt ein Zeitlupen-Video von rund zwei Stunden, denn die Highspeed-Aufnahme wird bei der Wiedergabe verlangsamt wiedergegeben.

Auf diese Weise lassen sich auch schnelle Bewegungen wie beispielsweise einen Torschuss beim Fußball im Film studieren.

HANDLING

4K Live Schneiden: In der dritten und letzten Zeile des kreativen Video-Menüs der TZ202 finden Sie eine recht neue und gestalterisch sehr interessante Videofunktion, die sich die Vorzüge der hohen Auflösung von 4K zu Nutze macht – aber nur zur Verfügung steht, wenn Sie das Modusrad auf den **kreativen Videobetrieb** gestellt haben.

„4K Live Schneiden" ist so etwas wie eine vollautomatische und professionell wirkende **Kamera- und „Zoom"-Fahrt**, ohne dass die Lumix während des Drehs auch nur einen Millimeter bewegt werden oder die Brennweite verändert werden muss. Der Trick dahinter: Das Video wird in voller 4K-Bildgröße (3840 x 2160 Pixel) gedreht und dann auf die von Ihnen zuvor festgelegten Ausschnitte bzw. Positionen zu einem Full-HD-Video (1920 x 1080 Pixel) heruntergerechnet. Dazu sollte die TZ natürlich am besten auf einer ruhigen Unterlage oder einem Stativ sitzen, sonst wird die „Fahrt" schnell ruckelig. Denken Sie beim Einsatz dieser Funktion auch daran, dass sich die Brennweitenwirkung des Leica-Zooms von 24-360 mm auf **36-540 mm** verlängert – Sie also beim 4K-Dreh als wie üblich weniger Weitwinkel-, dafür aber mehr Telewirkung zur Verfügung haben.

So gehen Sie beim „4K Live Schneiden" vor: Legen Sie zunächst die Dauer der Szene fest (20 oder 40 Sekunden). Anschließend zeigt Ihnen die TZ auf dem Monitor gelb umrahmt den **Startbereich** des Videos vor (das gesamte Monitorbild zeigt den 4K-Aufnahmebereich). Sie können diesen Ausschnitt nun mit dem Finger oder den Richtungstasten verschieben und mit dem Einstellrad in seiner Größe anpassen (das sind die später aus dem 4K-Video extrahierte Bildpunkte zwischen 1920 x 1080 und 3840 x 2160.) Nun drücken Sie die „MENU/SET"-Taste, verschieben oder verändern das zweite Feld (das erste bleibt weiß umrahmt angezeigt) und legen so den **Endpunkt** bzw. Ausschnitt des Videos fest.

Drücken Sie nun den Auslöser, dann fährt die TZ durch genau jenen Bereich und „zoomt" dabei aus oder ein, je nachdem, welchen Ausschnitt Sie als Start- und Endpunkt gewählt haben. Bei unserem Screenshot-Beispiel auf der rechten Seite wurde zuerst der HD-Ausschnitt zentral gesetzt, dann das komplette 4K-Feld darum gewählt: Die TZ würde also nun scheinbar von „Tele" nach „Weitwinkel" zoomen. Umgekehrt können Sie auch ins Bild „einzoomen", indem Sie zunächst das gesamte 4K-Feld festlegen und dann, als Endframe, den kleineren HD-Ausschnitt.

HANDLING

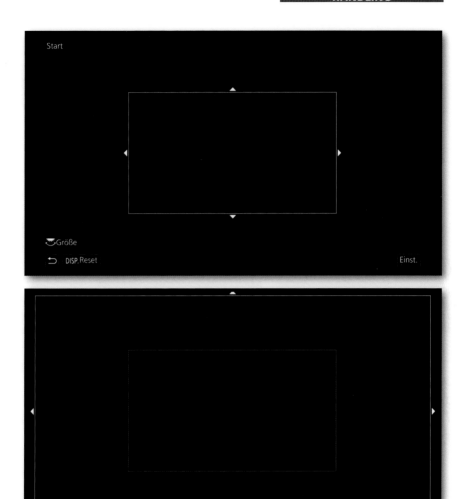

Oberer Screenshot: Wahl des mittleren Bildbereichs. Dann wurde mit dem Einstellrad der gelbe Rahmen bis an die Bildränder vergrößert (unterer Screenshot). Das ergibt beim 4K Live-Schneiden eine virtuelle Zoomfahrt von der Nähe in die Ferne.

Statt ins Motiv hinein oder heraus zu zoomen können Sie auch zwei Bildauschnitte nebeneinandersetzen und dann mit der 4K-Live-Schneiden-Funktion einen **Schwenk** simulieren.
Das Ganze klappt hervorragend – zumal die TZ202 während des virtuellen Zoomens oder Schwenks auf Wunsch auch die Belichtung kontinuierlich anpasst. Beim „4K Live Schneiden" ist übrigens automatisch die AF-Gesichtserkennung aktiv; befinden sich keine Menschen im Bild, schaltet die Lumix auf 49-Feld-AF.

HANDLING

Wir wechseln in den **„normalen" Videobetrieb**, stellen also das Modusrad auf P/A/S oder M und schauen uns das dazugehörige Menü mit seinen drei Bildschirmseiten an.

Aufnahmeformat: Wahl zwischen den Formaten AVCHD und MP4. AVCHD eignet sich für die Wiedergabe an einem HD-Fernseher, MP4 ist ein Format, das am Computer leichter zu finden und wiederzugeben ist.

Im „normalen" Videoeinsatz empfiehlt sich **MP4 als Standard-Format** eher, zumal die TZ es auch mit 60/50 Vollbildern/Sekunde in voller HD-Auflösung speichern kann. Die 4K-Auflösung steht nur im MP4-Format zur Verfügung.

Aufnahme-Qual.: Unter diesem Punkt stellen Sie die Videoqualität ein. Ist **AVCHD** als Aufnahme-Format gewählt, dann haben Sie die Wahl zwischen vier Full-HD-Auflösungen („FHD" = 1920 x 1080 Pixel) „50p" („AVCHD Progressive" mit 50 Vollbildern pro Sekunde mit einer Bitrate von 28 Mbps), „50i" (AVCHD mit 50 Halbbildern pro Sekunde bei 17 Mbps), „25p" mit 25 Vollbildern und einer Datenrate von 24 Mbps sowie dem kinoähnlichen „24p"-Modus mit 24 Mbps.

Haben Sie **MP4** als Format aktiviert, dann offeriert Ihnen die Lumix neun Qualitätsstufen: drei **4K-Modi** (3840 x 2160 Pixel mit 30/25 Vollbildern/s und 100 Mbps Bitrate oder mit 24 Vollbildern/Sekunde) sowie vier Full-HD-Auflösungen (1920 x 1080 Pixel) zwischen 60/50 und 25 Vollbildern/Sekunde; dazu kommen noch zwei HD-Auflösungen (1280 x 720 Pixel), ebenfalls mit 30p

HANDLING

bzw. 25p bei 10 Mbps und VGA mit 25p (10 Mbps).

Snap Movie: In der nächsten Zeile finden wir die Funktion „Snap Movie". Sie erstellt **Kurzvideos**, deren Dauer Sie hier zwischen 2 und 8 Sekunden festlegen können, und eignet sich gut als Bewegtbild-Abwechslung in einer digitalen Diashow. Zudem befreit es den Gelegenheitsfilmer von den Zwängen des Schnitts. Schalten Sie das Snap Movie ein und drücken die rote Videostart-Taste, dann zeichnet die Lumix das Filmchen in der vorgewählten Dauer auf, zeigt dies mit einem schmalen hellblauen Fortschrittsbalken an und stoppt die Aufnahme automatisch. Snap Movies werden im **MP4-Format in Full-HD-Auflösung** gespeichert. Sie können mit allen herkömmlichen Media-Playern am Rechner abgespielt oder in der Panasonic „Image App" aufs Handy übertragen, zu einem längeren Video kombiniert und verschickt werden.

Neben der Dauer lässt sich unter „Set" auch „**Fokus ziehen**" aktivieren. Damit stellen Sie die Schärfe-Position beim Start und die Position beim Ende des Videos ein. Das Ganze erledigen Sie mit dem Finger auf dem Touchscreen: Tippen Sie die erste Stelle im Motiv an, die fokussiert werden soll und halten Sie das Fokusmessfeld unter Ihrer Fingerspitze fest. Fahren Sie nun über den Bildschirm und ziehen Sie das Messfeld an die Position, auf die die Kamera am Ende die Videos scharfstellen soll. Lassen Sie los und starten Sie das Video. Die Lumix verlagert nun während der Aufnahmedauer die Schärfe vom Start- zum Endpunkt, ohne dass Sie dabei etwas tun müssen.

Mit „**Blenden**" steuern Sie **Effekte**: „White-in" und „White-out" blenden wahlweise mit weißem Bildschirm ein oder aus, das gleiche gilt für „Black-in" und „Black-out". Interessant sind auch „Color-in" oder „Color-out", die das Snap Movie vom Farb- zum Schwarzweißfilm blenden und umgekehrt. Besonders witzig: Snap Movies lassen sich auch mit den **Kreativfiltern** kombinieren.

Tipp: Sie können Snap Movie (ebenso wie „4K Live Schneiden" und viele andere Features der T202) auch einer **Funktionstaste**

HANDLING

zuweisen und so schneller abrufen. Durch Druck auf die „DISP"-Taste haben Sie dann Zugriff auf die Snap-Movie-Einstellungen. Vergessen Sie nicht, das Snap Movie nach getaner Arbeit wieder **abzuschalten**, denn es bleibt aktiv, auch wenn Sie inzwischen weiterfotografieren. Das merken Sie spätestens dann, wenn Sie versuchen, das AF-Feld zu verschieben oder mit Hilfe der DISP-Taste ins Zentrum zurückzusetzen. Das funktioniert im Snap-Movie-Betrieb nämlich nur eingeschränkt bzw. gar nicht.

Dauer-AF: Wenn Sie möchten, dass der Autofokus während des Filmens aktiv ist, dann sollten Sie den Dauer-AF in dieser Zeile aktivieren. Die TZ202 stellt dank DFD-Technik auch beim Filmen zuverlässig und flott scharf, benötigt bei Schwenks oder der Verwendung längerer Brennweiten aber manchmal ein wenig Zeit, bis sie das gewünschte Detail im Bild fokussiert hat. Hier fahren Sie mit Fingerspitzengefühl und ein wenig Übung, mit **manueller Fokussierung** am Steuerring und zugeschaltetem Focus Peaking besser.

Flimmer-Reduzierung: Hier können Sie die Verschlusszeit vorwählen, mit der die Lumix beim Videodreh arbeitet, um Bildflimmern bei sich schnell bewegenden Motiven oder **Streifenbildung** („Banding") durch flackernde Lichtquellen wie beispielsweise Bildschirme oder Neonröhren zu verhindern. Probieren Sie die angebotenen Zeiten durch, bis die Streifen im Bild verschwinden. Wenn Sie Bewegungen filmen, ist eine Verschlusszeit von 1/50 oder 1/100 s optimal für eine natürlich wirkende Bewegungsunschärfe.

Aufnahme austarieren: Mit dieser Funktion korrigiert die Lumix eine leicht schräge Kameralage beim Filmen – etwa, wenn Sie aus der Hand filmen und nicht auf die digitale Wasserwaage (siehe rechte Seite) achten – die Sie auch beim Filmen unbedingt zuschalten sollten). Die TZ erkennt dank der Sensoren des Bildstabilisators im Objektiv eine eventuelle Neigung und korrigiert diese sofort. Dazu muss aber der **Stabilisator eingeschaltet** sein.
Das Austarieren arbeitet bei nicht allzu heftiger Neigung der Kamera sehr gut, beschneidet aber für die Korrektur den Aufnahmebereich (Bildwinkel). Das Austarieren funktioniert zudem bei 4K- oder Hochgeschwindigkeits-Videos nicht.

HANDLING

Windgeräuschunterdrückung: Diese Funktion soll beim Filmen von Außenaufnahmen verhindern, dass kräftige Böen später den Ton angeben. Der automatische Windfilter reduziert aber lediglich die tiefen Frequenzen und verhindert damit Gerumpel im Bassbereich. In Innenräumen und bei der Aufzeichnung von Gesprächen sollten Sie den Windfilter lieber deaktivieren, da der Sound – vor allem bei „High" dumpf klingt. „Standard" ist für schwache Windgeräusche gedacht und dämpft den Ton nicht so sehr.

Zoom-Mikro: Dieses Feature richtet die Tonaufnahme in Abhängigkeit von der Zoomstellung beim Filmen ein. Arbeiten Sie beim Dreh mit Tele, dann nimmt die TZ202 mit ihrem eingebauten Stereomikrofon auf der Kameraoberseite (rechts und links vom Klappblitz) den Ton in einem schmaleren Winkel auf als beim Einsatz einer kurzen und damit weitwinkligeren Brennweite. Je mehr Sie dabei aber ins Tele zoomen, desto geringer fällt der akustische Stereo-Effekt aus.

TIPP

Die digitale Wasserwaage

Ein sehr nützliches, aber nicht auf den ersten Blick erkennbares Hilfsmittel beim Fotografieren und Filmen ist die Ausrichthilfe der TZ202. Sie aktiveren sie durch mehrmaliges Drücken auf die „DISP"-Taste. Nun blendet die Lumix im Sucher oder auf dem Monitor

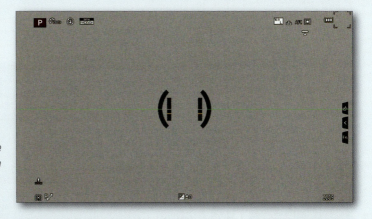

eine Art digitale Wasserwaage („Nivellieranzeige") ein, mit deren Hilfe Sie in den meisten Kamera-Lagen die Lumix sowohl im Hoch- als auch im Querformat waagerecht und unverkippt ausrichten können. Zwei feine horizontale Linien zeigen dies an. Die lange Linie und die beiden Klammern in der Suchermitte sind im Querformat für die horizontale Lage der Kamera zuständig, ist der Balken gelb gefärbt, halten Sie die Kamera nicht exakt waagerecht. Die kurze Linie und die beiden senkrechten grauen Balken indizieren eine vertikale Verkippung. Sind die Linien grün eingefärbt, dann halten Sie die Lumix absolut gerade – gut für Architektur- und Landschaftsfotos, denn so vermeiden Sie ganz einfach schiefe Horizonte. In unserem Screenshot-Beispiel liegt die TZ zwar exakt in der Waagrechten (lange grüne Linie), ist aber dabei leicht nach oben verkippt, denn die kleine Linie ist gelb eingefärbt und liegt unterhalb der Mittelmarkierung.

Individual-Menü

Wie der Name des dritten Hauptmenüs schon andeutet, legen Sie hier diverse individuelle Einstellungen für das Arbeiten mit Ihrer Lumix TZ202 fest. Unterteilt in die Kategorien „Belichtung", „Fokus/Auslöser", „Betrieb", „Monitor/Display" sowie „Objektiv/Weitere" lässt sich der Reisezoomer hier auf insgesamt sechs Bildschirmseiten feinsteuern. Die neue Kategorisierung macht die Orientierung im Individual-Menü im Vergleich zu früheren TZ-Modellen leichter. Wir gehen das ebenso komplexe wie wichtige Menü nun Zeile für Zeile mit Ihnen durch.

HANDLING

ISO-Einstell-Stufen: In Zeile eins der Kategorie „Belichtung" haben Sie die Wahl, ob die ISO-Werte in ganzen oder in Drittel-Stufen ausgewählt werden sollen. Bei Drittel-Stufen stehen für die manuelle und auch die automatische ISO-Einstellung mehr Empfindlichkeitswerte zur Verfügung, im fotografischen Alltag reichen ganze Stufen allerdings in der Regel aus.

Erweiterte ISO: Der „normale" Empfindlichkeitsbereich des 1"-Sensors der TZ202 reicht von **ISO 125 bis ISO 12.800**. Mit „Erweiterte ISO" können Sie ihn auf **bis zu ISO 80 verringern**. Dann stehen Ihnen (bei 1/3-ISO-Einstellstufen) zwei zusätzliche Werte unterhalb der Nominalempfindlichkeit von ISO 125 zur Verfügung: 80 und 100 ISO. Der nach unten erweiterte ISO-Bereich bringt a priori keine bessere Bildqualität mit sich, dafür aber etwas mehr Spielraum bei viel Licht und/oder dem Bedarf nach großen Blendenöffnungen.

Bei Portraits mit offener Blende im hellem Licht werden Sie sich jedenfalls über die reduzierte ISO-Zahl freuen.
Nach oben lässt sich der ISO-Bereich bei der TZ202 über die maximalen 12.800 hinaus auf **bis zu ISO 25.600 erweitern**, was aber spürbar zu Lasten der Bildqualität geht, wie wir später im Praxis-Abschnitt über die ISO-Empfindlichkeit noch sehen werden.

Reset Belichtungsausgleich: Ist diese Funktion aktiv („ON"), dann wird sich eine eingestellte Belichtungskorrektur automatisch auf Null gesetzt, wenn Sie den Belichtungsmodus wechseln. Haben Sie beispielsweise in der Programmautomatik (P) um -0,7 EV korrigiert und den Reset des Belichtungsausgleichs aktiviert, dann wird die **Korrektur gelöscht**, wenn Sie in die Zeit- (A) oder Blendenautomatik (S) wechseln. Eine praktische Einstellung, denn wahrscheinlich möchten Sie nicht immer, dass ein Korrekturfaktor erhalten bleibt, wenn Sie beispielsweise von P nach A schalten.
Übrigens: Wenn Sie den Reset deaktivieren („OFF"), dann bleibt ein einmal eingestellter Korrekturfaktor auch nach dem Ausschalten der Kamera erhalten.

HANDLING

AF/AE Speicher: Die Messwertspeichertaste auf der Kamerarückseite („AF/AE LOCK") kann mit **vier verschiedenen Optionen** belegt werden: Speicherung der Belichtung („AE Lock"), des Fokus' („AF Lock"), Speicherung beider Werte gleichzeitig („AF/AE Lock") oder Starten des Autofokus' („AF-ON"). Für die Speichermodi gilt: Drücken Sie die AF/AE-Lock-Taste, halten Sie sie gedrückt, um den gewünschten Messwert abzuspeichern und verschwenken Sie dann zum gewünschten Bildausschnitt.

Tipp: Wenn Sie in der nächsten Zeile unter **„AF/AE Speicher halten"** „On" wählen, dann müssen Sie die Taste zum Speichern nicht gedrückt halten. Die TZ202 zeigt eine aktive Messwertspeicherung übrigens in der unteren linken Ecke des Displays mit dem Kürzel „AEL" an.
Achtung: Der Messwertspeicher bleibt bei „AF/AE Speicher halten" solange aktiv, bis Sie erneut auf die Speichertaste drücken oder die Kamera abschalten.

Auslöser-AF: Für den fotografischen Alltag unbedingt aktivieren, dann fokussiert die Kamera bereits, wenn Sie den Auslöser halb herunterdrücken. Sport- und Actionfotografen hingegen **trennen gerne die Fokussierung von der Auslösung**, wollen also nicht, dass die Kamera beim Drücken des Auslösers parallel scharfstellt. Für sie empfiehlt sich die Deaktivierung des Auslöser-AF. Legen Sie dann aber zugleich fest, dass die Messwertspeicher- oder eine Fn-Taste mit der **„AF-ON"**-Funktion (siehe oben) belegt ist, mit der Sie dann den Fokus starten.

Auslöser halb drücken: Eine Funktion, die vornehmlich für **Videofilmer** (im kreativen Videomodus) gedacht ist – weniger für Fotografen. Aktivieren Sie „Auslöser halb drücken", dann startet die TZ bereits das Filmen, wenn Sie den Auslöser nur leicht andrücken (und löst im Fotomodus sofort das Bild aus). Fürs Standbild nur dann sinnvoll, wenn es wirklich ganz schnell gehen muss oder die Schärfe zuvor festgelegt wurde und sich nicht mehr verändert – sonst landen massenweise unscharfe Bilder auf der Speicherkarte. Oder wenn Sie bei **Langzeitbelichtungen** mit dem Auslöser so wenig wie möglich verwackeln und sich daher den ersten Druckpunkt sparen wollen.

HANDLING

Quick-AF: Bei Aktivierung dieser Option fokussiert die Lumix bei ruhiger Haltung bereits vor dem Berühren des Auslösers vor. Vorteil: eventuell schnellere Scharfstellung; Nachteil: erhöhter Stromverbrauch.

Augen-Sensor-AF: Wenn Sie wollen, dass die Fokussierung schon beginnt, wenn Sie die Kamera ans Auge nehmen, dann sollten Sie den Augen-Sensor-AF aktivieren, der –

wie der Quick-AF – der Vorfokussierung dient. Allerdings gibt's bei per Augensensor erfolgter Scharfstellung keinen Bestätigungston. Wichtig: Der Augen-Sensor-AF funktioniert nur, wenn die automatische Umschaltung zwischen Monitor und Sucher aktiviert ist.

Einstellungen für AF-Punkt: Diese Funktion bezieht sich auf den **Pinpoint- (oder „Punkt-") AF**. In diesem AF-Modus vergrößert die Lumix automatisch das Sucherbild um den scharfgestellten Bereich, sobald Sie den Auslöser andrücken. Unter „**Zeit für AF-Punkt**" lässt sich festlegen, wie lange die Vergrößerung dauern soll, wenn Sie den Auslöser gedrückt halten, bevor das Sucherbild wieder automatisch auf das komplette Bildfeld zurückspringt. Für eine halbwegs ordentliche Sichtkontrolle sollten Sie mindestens „MID" einstellen.

Mit „**AF-Punkt-Anzeige**" wählen Sie aus, ob der Bereich um den Fokuspunkt als kleines Bild im Bild („PIP") angezeigt werden soll, oder ob sich beim Andrücken des Auslösers im Punkt-AF-Betrieb der Bereich auf die komplette Bildschirmgröße ausdehnen soll („FULL"), womit Sie die Details der Scharfstellung besser kontrollieren können.

AF-Hilfslicht: Hier sollten Sie „On" einstellen, denn dann hilft ein kleiner roter Strahler (siehe Kreis) dem Autofokus der Lumix bei wenig Licht und auf kurzen Distanzen auf die Sprünge. Das Hilfslicht soll-

ten Sie abschalten, wenn Sie unbemerkt fotografieren wollen. Im Modus „Stummschaltung" (Aufnahme-Menü) ist das AF-Hilfslicht generell deaktiviert.

HANDLING

Direktfokusbereich: In manchen AF-Modi (besonders sinnvoll beim 1-Feld-AF) kann der Fokus-Messpunkt direkt mit den **Tasten des Vierrichtungswählers** der TZ202 verschoben werden. Auch beim „Multi-Individuell"-AF-Modus lassen sich per „Direktfokusbereich" die gewünschten Felder via Vierrichtungswähler über das Bild verschieben und mit dem Einstellrad vergrößern. Bedenken Sie aber: Ist der „Direktfokusbereich" aktiviert, dann sind die Belichtungskorrektur-, Weißabgleich-, AF-Modus- und Antriebsmodus auf dem Vierrichtungswähler **ohne Funktion** – benutzen Sie für solche Einstellungen dann das Menü oder Schnell-Menü. Wir haben den Direktfokusbereich bei unserer TZ202 deaktiviert und verschieben das Messfeld lieber mit dem Touchscreen.

Fokus-/Auslöse-Priorität: Hier lässt sich das Auslöse-Verhalten für die verschiedenen AF-Modi programmieren. Bei Fokus-Priorität löst die Lumix in der Werkseinstellung erst dann aus, wenn das Motiv scharfgestellt

wurde („**Focus**"). Dieses Verhalten macht vor allem im Zusammenspiel mit dem statischen AF (AFS) oder beim flexiblen AFF Sinn, weil es sicherstellt, dass die TZ erst nach erfolgreicher Scharfstellung das Bild belichtet. Sie können aber auch der Auslösung („**Release**") den Vorrang geben, dann belichtet die Kamera das Bild sofort, wenn Sie den Auslöser durchdrücken, was vor allem beim kontinuierlichen Autofokus (AFC) und im Serienbildbetrieb sinnvoll ist, damit die Seriengeschwindigkeit nicht vom beharrlich nachführenden AF ausgebremst wird. „**Balance**" bedeutet, dass die Lumix je nach Motiv selbst entscheidet, ob sie noch weiterfokussiert oder schon auslöst. **Tipp**: Lassen Sie die Prioritäten so wie in der Werkseinstellung – AFS/AFF: „Focus"; AFC: „Release".

Fokuswechsel für Vertikal/Horizontal: Die nächste Zeile legt fest, ob sich die Kamera beim Wechsel vom Quer- ins Hochformat in den AF-Modi „Verfolgung", „Einfeld-AF" und „Punkt-AF" die **Position der AF-Felder** (und der Fokuslupe) merkt oder nicht. In der Einstellung „OFF" bleiben die AF-Felder beim Drehen der Kamera in ihrer vorherigen Position und Sie müssen eventuell nachkorrigieren.

HANDLING

Loop-Bewegung Fokusfeld: Wenn Sie das AF-Feld oder eine Gruppe von AF-Feldern gerne mit den **Richtungstasten** verschieben, dann können Sie hier einstellen, dass das Feld/die Felder beim Erreichen eines Bildschirmrands nicht stehen bleibt, sondern auf der gegenüberliegenden Bildschirmseite wieder auftaucht. Das gleiche gilt auch für den gelb markierten Schärfebereich der **Fokuslupe**.

AF Feld-Anzeige: Im 49-Feld- oder Multi-Individuell-AF-Modus können Sie sich die von Ihnen zuvor per Einstellrad oder mit den Richtungstasten ausgewählten Felder **hellgrau anzeigen** lassen, auch wenn Sie den Auslöser gerade nicht andrücken. So sehen Sie im Sucher bzw. auf dem Rückseitenmonitor stets, welche Gruppe von Messfeldern aktiv sein wird (Kreis im Screenshot). Innerhalb dieser grau markierten Gruppe stellt die Lumix scharf, und die entsprechenden Zonen leuchten grün auf.

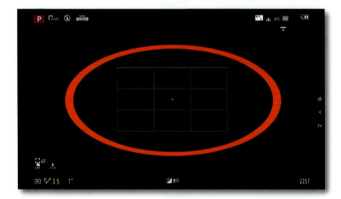

AF + MF: Ein sehr nützliches Feature für Fotografen, die den Fokus nach erfolgter AF-Scharfstellung gerne **per Hand nachregeln** wollen – beispielsweise in der Nah- und Makrofotografie. Wenn Sie „AF + MF" aktiviert haben und im **AFS-Betrieb** den **Auslöser andrücken** und halten, dann können Sie am Steuerring des Objektivs drehen und die Schärfe sehr bequem und genau auf dem Monitor beziehungsweise im Sucher manuell nachregeln. Dabei zeigt Ihnen ein Balken am unteren Bildschirmrand („**MF-Anzeige**") an, ob Sie in den Nah- oder Fernbereich drehen. Ideal ist die „AF + MF"-Funktion in Kombination mit der MF-Lupe, die wir Ihnen auf der nächsten Seite vorstellen.

Hinweis: Bei AFF oder AFC funktioniert die manuelle Nachregelung der Schärfe nicht.

HANDLING

MF-Lupe: Die MF-Lupe der TZ202 vereinfacht das Scharfstellen von Hand und die Schärfekontrolle auf dem Monitor oder (noch angenehmer) im elektronischen Sucher enorm. Aktivieren Sie die Lupe also unbedingt, wenn Sie gerne mit manuellem Fokus (MF) oder mit der eben erwähnten „AF + MF"-Funktion arbeiten. Dann nämlich **vergrößert** die Lumix den zu fokussierenden Bereich, und Sie können genauer beurteilen, worauf Sie scharfstellen. Die Lupe lässt sich mit dem Vierrichtungswähler oder der Fingerspitze verschieben und mit dem Einstellrad in ihrer Größe anpassen, nachdem Sie kurz am Steuerring gedreht haben.

Unter **MF-Lupenanzeige** eine Zeile weiter legen Sie fest, ob die Lupe als Bild im Bild („PIP") oder auf der kompletten Monitorfläche angezeigt werden soll („FULL"). Letzteres ist aus unserer Sicht angenehmer, da so (vor allem im Sucher) die Konzentration auf den scharfzustellenden Bereich leichter fällt.

Fn-Tasteneinstellung: Hier bestimmen Sie, welche der vier mechanischen und fünf Touchscreen-Funktionstasten (Screenshot rechts) mit welcher Funktion belegt werden soll. Wählen Sie zunächst aus, ob Sie die Funktionstasten für den Aufnahme- („Rec.") oder Wiedergabe-Modus programmieren wollen. Für die **Aufnahme** stehen Ihnen alle mechanischen und Touchscreen-Tasten zur Verfügung; für die Wiedergabe bietet die TZ202 nur die mechanischen Fn-Tasten 1, 2, und 4 (da „Fn3" während der Bildwiedergabe ja dem Löschen dient).

Wählen Sie zunächst die gewünschte Fn-Taste und bestätigen Sie mit der MENU/SET Taste. Nun können Sie auf 10 Bildschirmseiten eine Funktion wie „Künstlicher Horizont", „4K-Foto", „Wi-Fi", „Empfindlichkeit", „Post-Fokus", „Stummschaltung", „Bildstil",

„Qualität", „i. Dynamik" usw. programmieren.

Interessant ist auch die **„Bediensperre"**, mit der Sie kurzzeitig die Tasten des Vierrichtungswählers außer Kraft setzen können.

HANDLING

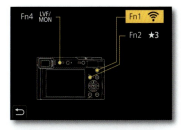

Für den **Wiedergabe-Betrieb** lassen sich die Fn-Tasten mit Features wie „Favoriten", „Druckeinstellungen", „Schutz" oder „Einzeln löschen" belegen.

Für eine clevere Programmierung der Fn-Tasten gilt die **Taktik**: Ordnen Sie ihnen jene Parameter zu, die Sie häufig benötigen und die Sie nicht über Direkttasten oder das Schnell-Menü erreichen. In unserem Screenshot-Beispiel links haben wir die „Stummschaltung" auf die „Fn1" gelegt, um die TZ bei Bedarf schnell in einen absolut geräuschlosen Arbeitsmodus versetzen zu können. Auch die „Fn4"-Taste rechts neben dem Sucher bietet sich als Zielspeicher für wichtige Funktionen an, da sie in der Werksprogrammierung lediglich das Bild zwischen dem Rückseitenmonitor und dem elektronischen Sucher umschaltet – was die „Augen-Sensor"-Automatik im Setup-Menü deutlich komfortabler erledigt. Die „Fn3" hingegen sollten Sie nicht umprogrammieren, denn die ist – wie vorhin schon erklärt – werksseitig mit dem wichtigen Schnell-Menü („Q.MENU") belegt

Noch ein Tipp: Mit der Funktion „**Vorschau**" können Sie eine der Fn-Tasten zu einer **digitalen Abblendtaste** machen, mit deren Hilfe Sie die Auswirkungen

der jeweiligen Blendenöffnung auf die Schärfentiefe im Motiv beobachten können. Drücken Sie einmal auf Taste und verändern Sie die Blende, nun sehen Sie, wie mit kleiner werdender Blendenöffnung (große Zahl) die Schärfentiefe ansteigt („Blendeneffekt: On"). Drücken Sie die Fn-Taste ein weiteres Mal, dann simuliert die Lumix sogar die Auswirkung der jeweiligen **Belichtungszeit** („Verschlusszeiteffekt: On") – beispielsweise die drohende Verwacklung des Fotos bei langen Zeiten.

Noch ein genereller **Tipp** zum Thema: Sie können die Fn-Tasten auch ohne Umweg übers Menü **direkt programmieren**, indem Sie sie etwas zwei Sekunden lang gedrückt halten und dann die gewünschte Funktion direkt aktivieren.

HANDLING

MOTIV-WORKSHOP

Portraits: Gute Stimmung, passendes Licht – und die richtige Brennweite

Für Portraitfotografen gilt: Verstecken Sie sich auf keinen Fall schweigend hinter der Kamera. Schauen Sie Ihr Model direkt an, nicht nur über den Sucher oder den Monitor. Reden Sie miteinander, strahlen Sie Sicherheit aus – viele Menschen fühlen sich gegenüber einem Fotoapparat wie bei einer Prüfung. Ein Fauxpas, den man nach der Aufnahme bisweilen sieht: Der Fotograf kontrolliert das Bild per Display, womöglich begleitet von Stirnrunzeln oder Kopfschütteln. Zeigen Sie der Person auf der anderen Seite lieber das Werk. Schauen Sie gemeinsam, wie das Model wirkt und was sich verbessern ließe. Die meisten Menschen sind mit ihrem eigenen Bildnis viel kritischer als jeder Fotograf!

Weitwinkel

Zur Technik: Die TZ202 stellt mit ihrem 15fachen Zoombereich jede Menge Brennweiten zur Verfügung, doch bei weitem nicht alle machen für die Portraitfotografie auch Sinn. Nutzen Sie eine Brennweite, die einem Bildausschnitt zwischen 70 mm und 200 mm im Kleinbildformat entspricht (mittleres Bild), das wirkt schmeichelhaft für die Abbildung von Gesichtern. Zu starkes Weitwinkel (oberes Bild) verzerrt (wenn Sie zu nahe beim Model stehen) die Proportionen ebenso wie die volle Telestellung von 360 mm oder gar iZoom/Digitalzoom.

Zwar ist es verlockend, mit 600 mm oder 700 eine Person vom Hintergrund freizustellen (was bei Portraits prinzipiell auch erwünscht ist) – doch solche Brennweiten verflachen die Gesichtszüge und wirken unnatürlich (unteres Bild) – Stichwort „Flunderperspektive". Sollten Sie unruhigen und noch scharfen Hintergrund im Bild entdecken, dann bitten Sie die Person lieber (sofern möglich), ein paar Schritte auf Sie zuzugehen – so lässt sich störendes Beiwerk im Hintergrund ebenfalls recht elegant „ausblenden". Achten Sie auch darauf, dass dem Menschen keine Laternenmasten oder Äste aus dem Kopf zu wachsen scheinen.

leichtes Tele

Thema „Offenblende": Zwar ist es bei Portraits durchaus sinnvoll, in der Zeitautomatik („A") eine möglichst große Blende (z. B. f/3,3) vorzuwählen, da die Schärfentiefe bei großen Blendenöffnungen geringer ausfällt, Sie das Model also leichter optisch vom womöglich störenden Hintergrund lösen können. Doch: Was für Vollformat- oder Systemkameras gilt, gilt leider nicht in diesem Maße für unseren Reisezoomer. Denn dessen 1"- Sensor liefert selbst bei offener Blende noch deutlich mehr Schärfentiefe als dies bei Systemkameras der Fall ist. Eine Freistellung fällt hier also schwerer als bei größeren Sensoren. Das erledigt eine lange Brennweite schon effektiver – aber mit den eben beschriebenen Limitierungen für die Abbildung von Gesichtern.

starkes Tele

HANDLING

HANDLING

Q.MENU: Für die Schnell-Menü-Taste („Q.MENU/Fn3") können Sie festlegen, ob alle vorprogrammierten Funktionen angezeigt werden sollen („Preset") oder ob Sie nur die Features zu sehen bekommen, die Sie zuvor gewählt haben („Custom").

Um Ihr **individuelles Schnell-Menü** zusammenstellen zu können, muss hier „Custom" gewählt sein. Drücken Sie dann die Q.MENU-Taste und wählen Sie im Schnell-Menü-Bildschirm das Werkzeug-Zeichen ganz unten links (Pfeil im Screenshot). Nun können Sie Punkte aus dem oberen Bildschirmbereich an freie Plätze in der Leiste unten verschieben oder dort vorhandene Elemente durch neue ersetzen. So stellen Sie sich ein ganz auf Ihre fotografischen und filmerischen Bedürfnisse zugeschnittenes Schnell-Menü zusammen. Elemente, die Sie nicht in Ihrem individuellen Schnell-Menü wünschen, ziehen Sie einfach auf dem Touchscreen per Drag & Drop ins obere Sammelfeld.

Wichtig: Haben Sie dies erledigt, dann bleiben Sie unter „Q.MENU" auf „Custom", damit Sie Ihr persönliches Schnell-Menü über die Fn3-Taste abrufen können, ansonsten kommt das standardisierte Menü.

Ring/Rad einstellen: Der praktische Steuerring am Objektiv der TZ202 lässt sich ebenso programmieren wie das Einstellrad in Daumennähe. Machen Sie dies aber mit Bedacht.

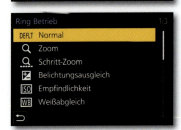

Denn eine Programmierung beispielsweise des Einstellrads mit der „Helligkeitsverteilung" mag auf den ersten Blick ein paar Tastenklicks ersparen, hat aber auch den Nachteil, dass die eigentlich dem Rad zugedachte Funktion (etwa der Programmshift) nicht mehr zur Verfügung steht. Auch den Objektivring sollten Sie eher in der werksseitig vorgesehenen Programmierung („**DEFLT Standardeinstellung**" – Screenshot oben rechts) belassen. So dient er nämlich beispielsweise beim manuellen Fokussieren der Schärferegelung, in der Zeitautomatik dem Steuern der Blende und in der Blendenautomatik der Vorwahl der Zeit. Im Screenshot oben rechts haben wir das Einstellrad direkt mit der manuellen Belichtungskorrektur belegt. So ist ein

HANDLING

schneller Eingriff ins Belichtungsgeschehen mit nur einem Dreh möglich, ohne dass Sie dazu zuvor auf die obere Taste des Vierrichtungswählers drücken müssen.

Übrigens: Schalten Sie den AF-Modus auf manuelle Fokussierung, dann übernimmt der Steuerring auch bei einer anderweitigen Belegung wieder kurzzeitig seine werksseitige Funktion und stellt das Objekt scharf – gut gelöst.

Einstellung für Bediensperre: Via Fn-Taste (Screenshot rechts) können Sie, wie eben schon beschrieben, bestimmte Elemente der TZ202 gegen eine versehentliche Betätigung sperren: den „Cursor" (also den Vierrichtungswähler einschließlich „MENU/SET"-Taste) und den Touchscreen. Wir finden die flotte Touchscreen-Sperre per Fn-Taste recht hilfreich, vor allem, weil man häufig mit Nase oder Wange das AF-Feld auf dem Touchscreen verschiebt, wenn man die Kamera am Auge hat.

Touch-Einstellungen:

Wer gerne mit Touchscreen arbeitet benutzt, wird sich über dessen Programmiermöglichkeiten freuen. In der

ersten Zeile können Sie die Berührungsempfindlichkeit des Rückseitenbildschirms an- oder abschalten (rechter Screenshot oben).

Hinweis: Wir haben zumindest Teile seiner Touch-Funktionen (vor allem „Touch-AF") im fotografischen Alltag immer mal wieder deaktiviert, siehe oben.

In der zweiten („**Touch-Register**") aktivieren oder deaktivieren Sie die kleine Touch-Registerkarte am rechten Bildschirmrand, mit der Sie weitere Optionen (z. B. Kreativfilter, Zoomsteuerung oder die virtuellen Fn-Tasten) aufrufen können (Screenshots rechts).

Wenn Sie „**Touch-AF**" aktiviert haben, dann können Sie mit der Fingerspitze auf ein Detail

im Monitorbild tippen, und die TZ fokussiert an genau diese Stelle.

Tipp: Mit „**Touch AF + AE**" legt die Kamera neben der Schärfe auch den Belichtungsschwerpunkt an genau die Stelle im Motiv, auf die Sie mit der Fingerspitze tippen.

HANDLING

Eine ebenso innovative wie hilfreiche Funktion ist der sogenannte „**Touchpad-AF**" in der letzten Zeile der Touch-Einstellungen. Er wendet sich an Fotografen, die ihre Bilder gerne im elektronischen Sucher gestalten. Dort ist natürlich keine Festlegung des AF-Punkts mit dem Finger möglich. Haben Sie „Touchpad-AF" jedoch aktiviert, dann können Sie (mit der Kamera am Auge) mit dem rechten Daumen auf dem Screen eine Stelle berühren, die dann fokussiert wird. In der Praxis funktioniert das hervorragend, und Sie werden schnell die Vorzüge der Bildgestaltung mit zwei Monitoren gleichzeitig schätzen.

Den Touchpad-AF der TZ202 können Sie sogar konfigurieren: Mit „**EXACT**" springt der AF-Punkt sofort an die Stelle im Motiv, auf die Sie auf dem Touchscreen tippen. Mit „**OFFSET**" können Sie den Messpunkt durch Schieben mit dem Finger auf dem Display an die gewünschte Stelle bugsieren, ihn aber durch einmaliges Antippen „springen" lassen. Da sich der Punkt auch unter „EXACT" noch verschieben lässt, ist diese Einstellung die universellere. Genauer hingegen (auch wenn die Bezeichnungen es anders vermuten lassen) arbeiten Sie mit „OFFSET", da Sie das Messfeld hier sehr feinfühlig an ein Motivdetail schieben und die Position recht leicht nachkorrigieren können, ohne dass der Punkt Sprünge macht wie bei „EXACT"

Rad-Infos: Ist diese Funktion aktiv, dann zeigt die Kamera beim Drehen des Modusrads auf dem Monitor rechts unten kleine Infofelder zur Benutzung des **Steuerrings und Einstellrads**, beispielsweise, dass Sie in der Programmautomatik den Zeit-/Blendenwert verschieben (shiften) können – verzichtbar.

Zoom-Hebel: Mit dem Hebel rund um den Auslöser verändern Sie die Brennweite des Vario-Elmar. Das geht auf zwei Arten: stufenlos (oberes Symbol) oder in festen Stufen

(„Schritt-Zoom" – siehe rechter Screenshot).

Beim **stufenlosen Zoom („Zoom")** durchfahren Sie den Brennweitenbereich **kontinuierlich.** Wenn Sie den Hebel dabei in kleinen Schritten drücken, schaffen Sie es – ein wenig Finger-

HANDLING

spitzengefühl vorausgesetzt – die Brennweite in 1-mm-Schritten zu verändern.

Beim **Schritt-Zoom** wählen Sie in zwölf Stufen die gewünschte Brennweite zwischen 24 und 360 mm vor, Zwischenstufen sind nicht möglich. Übrigens zeigt Ihnen die Lumix bei beiden Zoom-Arten jeweils oberhalb des Brennweitenbalkens die für die eingestellte Brennweite geltende **kürzeste Aufnahmedistanz** an (in unseren Beispielen 50 cm).

Autowiedergabe: Direkt nach der Auslösung kann Ihnen die Kamera das eben gemachte Bild auf dem Monitor oder im Sucher anzeigen. Hier wählen Sie die **Anzeigedauer** (bis das Foto wieder automatisch verschwindet) zwischen 1 und 5 Sekunden. „**Hold**", bedeutet, dass das Bild so lange stehen bleibt, bis Sie den Auslöser wieder andrücken. Als in der Praxis ideal hat sich eine Anzeigezeit von 3 Sekunden für die schnelle Bildkontrolle erwiesen.

Auch für die 4K-Foto-Funktion und für Post-Fokus können Sie „Hold" programmieren, dann zeigt Ihnen die TZ202 ein entsprechendes Bild so lange an, bis Sie den Auslöser andrücken.

Tipp: Wenn Sie in der letzten Zeile die „**Wiedergabe-Priorität**" einschalten, dann können Sie während der Autowiedergabe beispielsweise das Bild löschen. Ist die Priorität deaktiviert, dann reagiert die Kamera auf Tasteneingaben während der Autowiedergabe wie im Aufnahme-Modus. So könnten Sie noch während der laufenden Wiedergabe den ISO-Wert und andere Features fürs nächste Bild einstellen.

Schwarz-Weiß-LiveView: Zur besseren Sichtkontrolle beim manuellen Scharfstellen ist diese Funktion gedacht. Sie zeigt im Sucher und auf dem Monitor ein Schwarzweiß-Livebild an, das vor allem im Zusammenspiel mit den farbigen Kanten des „Focus Peaking" die **Fokussierung noch mehr erleichtert**. Zuschalten, wenn Sie häufig manuell scharfstellen. Das Foto (der Film) werden natürlich in Farbe aufgenommen.

Konstante Vorschau: Wer gerne mit Zeit und Blende gestaltet, sollte die „Konstante Vorschau" aktivieren. Dann nämlich sehen Sie im **manuellen Belichtungsmodus** („M") die Auswirkungen des jeweiligen Zeit- oder Blendenwertes auf die Bildhelligkeit dauerhaft live auf dem Monitor oder im Sucher. Ein hilfreiches

HANDLING

Feature – dennoch sollten Sie beim manuellen Abgleich von Zeit und Blende die Lichtwaage („Belichtungsmesser") am unteren Bildschirmrand im Blick behalten. Zudem simuliert die Lumix bei der „Konstanten Vorschau" auch die **Auswirkung der Verschlusszeit** auf das Bildergebnis: Bei langen Zeiten stellt die Kamera das Motiv kurzzeitig „verwackelt" dar, solange Sie den Auslöser nicht andrücken. **Achtung**: Die „Konstante Vorschau" funktioniert nicht, wenn Sie das Gehäuseblitzgerät ausgeklappt haben.

Focus Peaking: Hinter diesem Begriff verbirgt sich die weitere praktische Funktion für Fans der **manuellen Scharfstellung**. Ist das „Focus Peaking" aktiv, dann legt die Lumix **Farbsäume** um jene Bereiche, die scharfgestellt sind. Vor allem im Zusammenspiel mit der **MF-Lupe** macht „Focus Peaking" ein sehr feinfühliges und zugleich schnelles Scharfstellen per Hand möglich. Das Peaking funktioniert auch beim **Videodreh** und empfiehlt sich gerade für unerfahrene „Schärfezieher" hinter der Kamera.

Unter „**Set**" legen Sie die Stärke der Peaking-Anzeige fest („Low" sorgt für kräftigere und besser erkennbare Farbsäume) und die jeweils gewünschte Kantenfarbe (Tipp: Blau- oder Gelb-Töne). Fazit: Unbedingt aktivieren, wenn Sie gerne von Hand scharfstellen.

Histogramm: Zur Beurteilung der Belichtung können Sie sich während der Aufnahme ein Histogramm im Display einblenden lassen (hierfür müssen Sie eventuell mehrfach auf die „DISP"-Taste drücken). Das Histogramm symbolisiert auf einen Blick die **Holligkeitsverteilung im Bild**: Sind die Ausschläge auf der linken Seite hoch und häufig, wird das Foto eher dunkel. Liegt die Verteilung glockenförmig über der Mitte des Histogramms, erhalten Sie eine recht ausgewogene Belichtung, bei der Schwarz nicht zu-

läuft und Weiß nicht ausfrisst. Das Histogramm wird auch im elektronischen Sucher angezeigt. Auf dem Touchscreen lässt sich seine Position mit dem Finger verschieben.

HANDLING

Gitterlinie: In der nächsten Zeile verbirgt sich ein interessantes Feature für beispielsweise die Sach-, Architektur- und Repro-Fotografie: Sie können sich auf den Monitor (oder den Sucher) drei verschiedene Gitter-Raster einblenden lassen, die Ihnen bei der **exakten Ausrichtung** der Kamera helfen. Die Linien sind automatisch eingeblendet, sobald Sie sie hier aktivieren – Sie müssen also nicht auf die DISP-Taste drücken, um sich die Ausrichthilfen anzeigen zu lassen. Das letzte Gitter besteht aus zwei Linien, die Sie per Touchscreen verschieben und so Ihre eigene Markierung erstellen können.

Zentralmarkierung: Mit der „Zentralmarkierung" zeigt die Lumix exakt in der Mitte des Bildschirms eine **kreuzförmige Markierung**, die Ihnen unter anderem bei der Verwendung längerer Brennweiten dabei helfen soll, das Ziel anzuvisieren. Auch beim Einsatz des Zooms, zum Beispiel in der Portraitfotografie, ist die Markierung hilfreich, da man auf diese Weise die Brennweite verändern, das Gesicht dennoch stets in der Suchermitte halten kann – falls gewünscht. Auf dem Screenshot unten sehen Sie die Markierung (Kreis).

Spitzlichter: Mit „Spitzlichter" warnt die Lumix vor ausgefressenen Lichtern, also überbelichteten Stellen ohne Bildinformation. Allerdings macht sie das nur bei der **Bild-Wiedergabe**, nicht vor der Aufnahme.

Zebramuster: Ist eines der beiden „Zebra"-Muster aktiv, dann schraffiert die TZ im **Aufnahmebetrieb** Bildbereiche, in denen **Überbelichtung** droht. Unter „Set" können Sie die Art des Musters sowie dessen Intensität bestimmen. Bei einer Minus-Belichtungskorrektur können Sie anhand des Musters schnell

prüfen, wann die Überbelichtung verschwindet – ideal beim Drehen von Videos. Auch wer gerne bei hohen ISO-Werten im **RAW-Format** arbeitet, dem leistet das Zebra-Muster gute Dienste, denn so kann er sich ganz nah an die Grenze der Überbelichtung herantasten (beispielsweise über die Belichtungskorrektur), um die Aufnahme insgesamt so hell wie möglich zu belichten, was das Bildrauschen bei hohen Empfindlichkeiten nicht so stark zutage treten lässt. In der Nachbearbeitung lässt sich das RAW dank seines höheren Belichtungsspielraums dann wieder problemlos in der Helligkeit anpassen.

Belichtungsmesser: Hinter „Belichtungsmesser" verbirgt sich eine praktische Funktion: Hier können Sie auf dem Bildschirm  und im Sucher eine **Skala mit Zeit- und Blendenanzeige** zuschalten, die immer dann aktiv wird, sobald Sie im P/A/S/M-Betrieb am Einstellrad Blende oder Verschlusszeit verändern. In der Mitte der Skala sehen Sie stets die aktuell eingestellte Zeit-/Blenden-Kombination. Hier schon mal der **Praxistipp**: Verfärbt sich die Anzeige des Belichtungsmessers rot, droht Fehlbelichtung.

MF-Anzeige: Die Lumix blendet während der manuellen Scharfstellung (MF) auf Wunsch am unteren Bildschirmrand eine kleine Balkengrafik ein, die Ihnen anzeigt, in welche Richtung Sie gerade fokussieren. Nach links (Bergsymbol) in Richtung Unendlich, nach rechts (Blumensymbol) in Richtung Nahbereich. Wenn Sie ein routinierter Scharfsteller sind, dann können Sie die Grafik hier auch getrost deaktivieren, für Anfänger hingegen ist die Skala recht hilfreich.

Sucher-/Monitor-Einstellung: Hier legen Sie fest, in welcher Form die Informationen bei der Aufnahme im Sucher bzw. auf dem Rückseitenmonitor der TZ202 eingeblendet werden sollen. Wählen Sie die untere Option, dann wirft die Lumix am unteren Bildrand weitere Belichtungsinformationen (transparent

HANDLING

ins Bild eingeblendet) aus, die das Motiv überlagern. Bei der oberen Einstellung hingegen stehen die Infos unten außerhalb des Motivbildes, das dann kleiner und von einem schwarzen Rahmen umlegt wird. An den Anzeigen am oberen Bildrand ändert sich durch die Einstellung nichts.

Aufnahme-Feld: Wer häufig aus der **P/A/S/M-Stellung** des Modusrads heraus **filmt**, sollte hier das Video-Symbol wählen. Dann zeigt die Lumix nämlich sowohl im Sucher als auch auf dem Monitor oben und unten dauerhaft zwei horizontale Balken an, die den (16:9-) Bereich der Videoaufnahme symbolisieren. So kann man vor dem Druck auf die Video-Starttaste den Bildausschnitt wesentlich besser beurteilen als bei der standardmäßigen Anzeige des Aufnahmebereichs für Standbilder. Besonders sinnvoll ist die Hilfe aber, wenn Sie die Kamera im 4:3-Format verwenden, denn der Bildausschnitt im Videobetrieb ist wesentlich schmaler. Auf diese Weise vermeiden Sie es beispielsweise, Personen beim Start des Films die Köpfe oder Beine abzuschneiden.

Restanzeige: Wählen Sie aus, ob Sie auf dem Monitor rechts unten lieber die Zahl der noch auf die Speicherkarte passenden Fotos oder die mögliche Aufnahmezeit für Videofilme angezeigt haben wollen. Übrigens zeigt die Lumix stets als maximale Film-Restzeit 29:59 min an, egal, wie groß die Speicherkarte ist oder wie viel Platz noch vorhanden ist.

 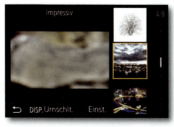

Menüführung: Wer oft mit dem **Kreativmodus** auf dem Modusrad arbeitet, der sollte diesen Menüpunkt aktivieren. Dann nämlich zeigt die Lumix eigene Bildschirme an, aus denen heraus Sie direkt den gewünschten Kreativfilter wählen können (rechter Screenshot). Ist die Menüführung deaktiviert, müssen Sie zur Auswahl des Effekts zunächst die „MENU/SET"-Taste drücken und dann das Icon links oben auf dem Bildschirm anklicken.

HANDLING

Objektivposition fortsetzen: Der Sinn dieser Funktion erschließt sich nicht auf den ersten Blick, dennoch ist sie ungemein praktisch, wenn Sie beispielsweise die Kamera für eine längere Session auf dem Stativ haben und mal eben den Akku wechseln müssen oder die Lumix abschalten. Haben Sie nämlich „Objektivposition fortsetzen" aktiviert, dann stellt die TZ beim Wiedereinschalten die zuletzt eingestellte **Brennweite und Entfernung** automatisch wieder ein. Im Regelfall sollten Sie dieses Feature aber deaktivieren, vor allem wenn Sie mit der Kamera unterwegs sind und die **Gefahr** besteht, dass Sie sie versehentlich in der Foto- oder Jackentasche einschalten. Stand das Zoom dann vor dem Abschalten auf einer langen Brennweite, laufen Sie Gefahr, dass der Tubus des Objektivs beim unbeabsichtigten Ausfahren beschädigt wird.

Objektiv einfahren: Mit dem nächsten Menüpunkt ist nicht das automatische Zurückfahren des Zooms ins Gehäuse gemeint, wenn Sie die Kamera abschalten. Sie bezieht sich vielmehr auf den **Wiedergabe-Modus** der TZ202. Ist „Objektiv einfahren" aktiviert, dann fährt das Zoom während der Wiedergabe von Bildern oder Videos nach ca. 10 Sekunden automatisch ins Gehäuse zurück – eine auf jeden Fall empfehlenswerte Einstellung.

Selbstauslöser Auto-Aus: Steht diese Zeile auf „ON", dann speichert die Lumix einen eingestellten Selbstauslöser nicht, nachdem sie ausgeschaltet worden ist. Ist hier „OFF" aktiviert, dann bleibt der Selbstauslöser auch nach dem Abschalten und Wiedereinschalten der Kamera aktiv. Übrigens können Sie einen laufenden Selbstauslöser in beiden Fällen jederzeit durch Drücken der „MENU/SET"-Taste stoppen.

Gesichtserkennung: Die TZ202 kann sich bis zu sechs verschiedene Gesichter „merken". Die müssen zuvor aber hier registriert werden. Die **Gesichtsregistrierung** lässt sich sowohl im „iA"- als auch im „P"-Aufnahmemenü auch manuell starten („Memory"). Wählen Sie nun eines der blauen Speicherfelder aus, drücken Sie die „MENU/SET-Taste, halten Sie den gelben Zielrahmen formatfüllend

HANDLING

auf das Gesicht und lösen Sie aus. Hat die Kamera das Gesicht registriert, können Sie den Namen und das Geburtsdatum sowie die gewünschte AF-Markierung für das Gesicht eingeben. Danach lassen sich weitere Gesichter mit dem selben Verfahren registrieren. Nun sollte die Lumix ab sofort den Namen der Person unter den AF-Rahmen schreiben, sofern sie das Gesicht erkannt hat. Registrieren Sie die Gesichter von wichtigen Personen ruhig mehrfach.

Profil einrichten: Hier können Sie für zwei Kinder oder ein Tier Name und Geburtstag einrichten. Fotografieren Sie dann Ihren Liebling mit diesem Profil, erscheinen beide Daten bei den Bildern.

ZUBEHÖR-TIPP

USB-Tankstelle von Hama

Genauso wie Tablets oder Smartphones kann auch die TZ202 via USB geladen werden. Wer hierfür nicht zahllose Ladestationen auf dem Schreibtisch herumliegen haben möchte, greift zur Hama-All-in-one-Lösung. Die kompakte Ladestation mit vier USB-Buchsen und einer integrierten 230-V-Schutzkontaktsteckdose liefert nicht nur den tragbaren Begleitern neuen Strom, sondern auch weiteren Geräten mit Schukosteckern – und zwar bis zu 3.500 Watt. Besonders praktisch ist die integrierte Halterung, in der ein Tablet oder zwei Smartphones Platz finden.
Die Kabellänge beträgt 1,4 m, die vier USB-Ports werden mit zusammen 4.800 mAh versorgt.
Preis: ca. 40 Euro. http://bit.ly/2EDGLp9

HANDLING

MOTIV-WORKSHOP

Sport und Action: Nicht nur auf die Kamera verlassen

Die TZ202 ist als Reisezoomer keine ausgewiesene Sport- und Action-Kamera, kann aber, clever eingesetzt, genügend Tempo für gute Ergebnisse auf Sportveranstaltungen oder beim Fotografieren von Actionmotiven (Kinder, Tiere...) liefern. Dafür sollten Sie die schnellsten Motive aber nicht einfach der Vollautomatik anvertrauen – auch wenn der 4K-Foto-Modus durchaus hilfreich ist.

Eine der wichtigsten Zutaten für scharfe Actionfotos ist nach wie vor eine möglichst kurze Verschlusszeit (siehe Bilder. Die erreichen Sie am schnellsten über die Blendenautomatik („S") – wählen Sie, wenn das Licht es zulässt, ruhig Zeiten kürzer als 1/1.000 s. Wer sich nicht selbst um die Belichtung kümmern möchte, sollte alternativ ins Szeneprogramm „Sportfoto" oder „Bewegung einfrieren" wechseln.

Doch es muss nicht immer alles scharf sein: So genannte „Mitzieher", bei denen die Kamera in Richtung der Bewegung gezogen wird, bringen die Dynamik attraktiv zur Geltung, bedürfen jedoch einiger Übung. Hier sind die Verschlusszeiten länger, etwa 1/100 bis 1/60 Sekunde funktionieren gut (Bildstabilisator ausschalten oder auf den zweiten Betriebsmodus stellen).

Neben der Belichtungszeit müssen Sie für gute Sportbilder auch den Autofokus bändigen, denn für ihn bedeutet Sportfotografie ebenfalls Schweißausbrüche: Er gerät ins Rudern und Rotieren. In den AF-Modi „AFC" und „AFF" folgt der AF einem sich bewegenden Objekt, doch Sportler bremsen und beschleunigen, umkurven einen Gegenspieler – eine immense Herausforderung für die Technik. Verwenden Sie den sportlichen Autofokus mit einer schnellen Serienbildfrequenz, um die Ausbeute zu steigern. Eine weitere Option: Sie kombinieren Serienbilder und manuelles Fokussieren. Natürlich sind Sie mit der Handarbeit nicht schneller als der AF, aber Sie können vorfokussieren. Das heißt, Sie visieren eine Stelle an, wo gleich die Post abgeht, beispielsweise den Elfmeterpunkt beim Fußball, den Korb beim Basketball, die Netzkante beim Volleyball. Kurz bevor der Akteur diese Stelle erreicht, drücken Sie den Auslöser durch und lassen einen Schwung Bilder auf die Speicherkarte rauschen. Die scharfen Aufnahmen picken Sie nachher am Computer heraus.

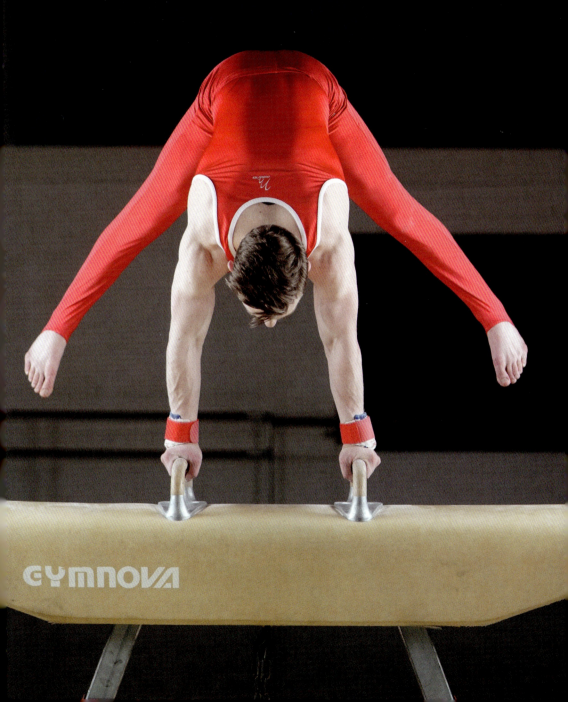

Möglichst kurze Verschlusszeiten sind das A und O in der Sport- und Actionfotografie, und die erzielen Sie am einfachsten über die Blendenautomatik („S"). Hier wurde auf das Pferd vorfokussiert und 1/2000 s vorgewählt. Dann wurde die Bewegung des Turners bei auf dem Pferd gespeichertem Fokus mit der Serienbildfunktion eingefangen. Foto: Frank Späth

| HANDLING |

Setup-Menü

Mit „nur" vier Bildschirmseiten etwas weniger opulent als das Individualpräsentiert sich das Setup-Menü. Es geht hier weniger um die foto- oder videotechnische Programmierung der Kamera als vielmehr um grundlegende Einstellungen, die wir jetzt durchsprechen wollen.
Hier finden Sie auch alle wichtigen Funktionen zur Fernsteuerung Ihrer Lumix mithilfe der kostenlosen Panasonic „Image App"; zudem können Sie den Firmware-Stand Ihrer TZ überprüfen und bei Bedarf updaten.

HANDLING

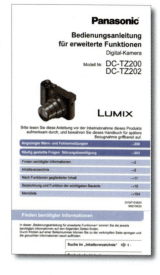

Online-Handbuch: Statt CD oder gedruckter Komplett-Bedienungsanleitung liefert Panasonic in der TZ202 einen Link zum Online-Handbuch mit. Wahlweise können Sie die angezeigte **URL** abtippen oder mit dem Smartphone/Tablet den **QR-Code** scannen (unterer Screenshot) und somit das Handbuch auf Ihr mobiles Device laden. Sie haben mit unserem Buch zwar eine umfangreiche Bedienungsanleitung für die Lumix zur Hand, dennoch ist das pdf zum Nachschlagen nicht unpraktisch, also auf jeden Fall aufs Handy, Tablet oder den PC laden.

Uhreinstellung: Hier stellen Sie die aktuelle Uhrzeit und das Datum ein. Das sollten Sie auch präzise tun, denn es erleichtert die Bildzuordnung erheblich und ist auch wichtig, wenn Sie Features wie beispielsweise das „Reisedatum" nutzen möchten.

Weltzeit: Interessant für Reisende: Wählen Sie auf einer Weltkarte Ihren Heimatort und den Zielort der Reise ein. Danach schaltet die Lumix die Uhrzeit **automatisch auf die Zeitzone** Ihres Reiseziels um. So haben Sie später die „richtigen" Uhrzeiten in den Bilddaten. Haben Sie die Ziel-Zeit eingestellt, dann erscheint nach Drücken auf die „DISP"-Taste ein kleines Flugzeugsymbol im Info-Bildschirm vor der Zeit- und Datumsanzeige.

Reisedatum: Hier informieren Sie die Kamera über das Datum der Abreise und können zusätzlich den Namen des Zielortes eingeben – ein für Reisefotografen sehr hilfreiches Feature. Fotografieren Sie während der Reise, dann werden die Bilder mit Informationen wie „1. Tag" gekennzeichnet. Das Reisedatum funktioniert auch für Filme, allerdings nicht im AVCHD-Format.

HANDLING

 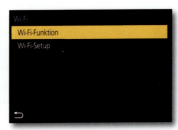

Wi-Fi: Panasonic hat die TZ202 mit einem WiFi-Funkmodul ausgestattet, sie kann also Daten übers **WLAN-Netz** direkt an einen Rechner, ein Tablet/Smartphone oder einen Fernseher senden. Interessant ist diese Funktion nicht nur für Profis, die (JPEG-) Bilddaten gleich auf ein TV-Gerät, ein Tablet oder einen Rechner funken und dem Kunden zeigen können. Auch für Fans sozialer Netzwerke ist WiFi ein Segen, denn auf diese Weise lassen sich recht leicht eben geschossene Fotos von der Kamera aufs Smartphone und von dort beispielsweise zu Facebook oder via Whatsapp zu Freunden schicken.

Ebenfalls sehr gut lässt sich die WiFi-Funktion zur **Fernsteuerung** der Kamera (inklusive LiveView) mit der kostenlosen Panasonic „Image App" verwenden („Wi-Fi-Funktion" / „Aufnahme über Fernbedienung"). Wie das geht, erfahren Sie in unserem „Mini-Workshop" auf den folgenden Doppelseiten.

Hier, im WiFi-Menü, können Sie unter „**Wi-Fi-Funktion**" eine neue Verbindung zu einem Gerät aufbauen oder eine zuvor aufgebaute Verbindung erneut aufrufen. Unter „Wi-Fi-Setup" konfigurieren Sie Ihren Zugang zum Panasonic Cloud-Service „Lumix Club" oder stellen eine direkte PC-Verbindung her. Hier können Sie auch ein Passwort für die WiFi-Verbindung festlegen, was die Sicherheit erhöht, wenn Sie die Funkverbindung in öffentlicher Umgebung nutzen. Dann wirft die TZ vor der Verbindung zum Smartphone/Tablet einen QR-Code aus, den Sie mit dem Smartdevice abfotografieren müssen, um die gesicherte Verbindung herzustellen.

Beachten Sie, dass die **Reichweite** der Fernsteuerung limitiert ist und – je nach Umgebung – maximal zehn Meter beträgt. Dennoch ist die Bedienung der Kamera mithilfe der „Image App" ein ungemein starkes Feature, das Sie unbedingt ausprobieren sollten – Sie haben damit ein perfektes Werkzeug gegen Verwacklungen beim Auslösen an der Hand. Auch eine Stop-Motion-Animation oder die verschiedenen Bracketing-Arten der TZ202 lassen sich per Fernsteuerung und damit komfortabel und völlig verwacklungsfrei fernauslösen.

HANDLING

Bluetooth: Die TZ202 besitzt als erster Reisezoomer im Lumix-Programm neben dem WiFi- auch ein Bluetooth-Modul, das dazu eingesetzt werden kann, auf dem Handy **GPS-Informationen** aufzuzeichnen und diese Ortsdaten an die Lumix zu senden. Dazu muss allerdings die „Automatische Uhreinstellung" im Bluetooth-Menü aktiviert sein, sonst ist eine exakte Zuordnung der GPS-Daten nicht möglich. Zudem können Sie die Kamera via Bluetooth von einem Smartgerät aus **aufwecken**. Wichtig: Ihr Smartgerät muss den Standard **„Bluetooth Low Energy" (BLE)** beherrschen, was in der Regel für alle iOS-, nicht aber für alle Android-Geräte gilt. Ob Ihr Android-Smartphone BLE unterstützt, können Sie mit der kostenlosen App „BLE Checker" im Google Play Store überprüfen.

Anzeige für drahtlose Verbindung: Wenn die Lumix eine WiFi- oder Bluetooth-Verbindung aufbaut, dann leuchtet die blaue Info-LED auf der Kamerarückseite (Kreis) auf.
Wenn Sie das Licht stört, können Sie es deaktivieren.

Signalton: Wer möchte, dass seine Kamera das erfolgreiche Scharfstellen und/oder das Auslösen mit einem Ton untermalt, der liegt in dieser Zeile richtig. Unter „Lautst. Piepton" bestimmen Sie, ob und wie laut die Geräusche sind (Ausnahme: AF-Bestätigung); unter „Auslöser-Ton" setzen Sie die **Art des Geräuschs beim Auslösen** fest (dies gilt für den mechanischen und den elektronischen Verschluss!). Wenn Sie wollen, dass die Lumix gar keine Töne von sich gibt, dann sollten Sie sowohl „Lautst. Piepton" als auch „Auslöser-Ton." deaktivieren.

Sparmodus: Hier programmieren Sie, wann sich die Lumix in den **Ruhezustand** verabschieden und wann sich der Monitor, beziehungsweise Sucher automatisch abschalten soll – ähnlich wie beim Laptop. Wenn Sie mit der Kamera Intervallaufnahmen mit einem speziellen Fernauslöser oder Langzeitbelichtungen im

HANDLING

MINI-WORKSHOP

Die TZ202 per App fernsteuern

Die Lumix kann per WLAN-Kurzstreckenfunk Verbindung zu einem Smartphone, einem Tablet, einem PC oder einem DLNA-fähigen Fernsehgerät/Medienplayer aufnehmen und via App ferngesteuert werden oder die Bilder direkt an das WLAN-Gerät senden. Das Wi-Fi-Menü ist umfangreich – wir wollen uns in unserem Mini-Workshop zum Thema WiFi daher auf die Verbindung zu einem Smartphone bzw. Tablet und die Panasonic „Image App" konzentrieren, denn diese Anwendung ist dank der Fernsteuerungsfunktion die mit Abstand nützlichste Wi-Fi-Funktion.

Wenn Sie ein Apple- oder Android-Smartphone oder -Tablet besitzen, laden Sie sich zunächst die kostenlose „Panasonic Image App" aus dem jeweiligen Store herunter und installieren sie auf Ihrem Smartphone/Tablet. Die „Image App" arbeitet ab Version 1.10.7 mit der TZ202 zusammen – also updaten, falls Sie eine ältere Version installiert haben.

Um eine Funkverbindung zur TZ herzustellen, können Sie die neue Bluetooth-Funktion nutzen. Schalten Sie dazu Ihr Smartdevice in den Bluetooth-Betrieb und aktivieren Sie an der Lumix Bluetooth. Sind beide Geräte gekoppelt und Sie möchten die TZ per App fernsteuern, dann aktiviert die Kamera auf dem Smartdevice automatisch das WiFi.

Alternativ gehen Sie ins „Wi-Fi"-Menü (Setup-Menü, 1. Bildschirmseite). Die TZ202 wirft auf Wunsch einen QR-Code auf dem Bildschirm aus, den Sie mit der „Image App" scannen. Klappt das nicht, dann gehen Sie in die WLAN-Einstellungen Ihres Smartphones/Tablets und wählen Sie dort im Netzwerk-Menü manuell die TZ202 aus – eine etwas umständlichere, aber sehr zuverlässige Verbindungsmethode. Nun meldet sich die Lumix am Smartphone/Tablet an. Nachdem sich Smart-Device und Kamera verbunden haben, starten Sie die „Image App". Die Kamera zeigt bei erfolgreicher Verbindung die Meldung „Fernbedienung aktiv" auf dem Monitor an. Tippen Sie nun in der App auf die Schaltfläche „Fernsteuerung" (siehe linker oberer Screenshot auf der rechten Seite), um das Livebild und die Steuerungsmöglichkeiten anzuzeigen. Auf der folgenden Seiten zeigen wir Ihnen, welche Funktionen Ihnen nun zur Verfügung stehen.

HANDLING

Oben: der Hauptbildschirm der App.
Unten: Diverse Einstellungen lassen sich von der App aus erledigen.

Oben: Die App zeigt im „Fernsteuerung"-Betrieb das Livebild an. Unten: Auswahl von Bildern zur Übertragung ans Handy.

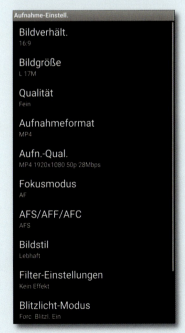

HANDLING

MINI-WORKSHOP

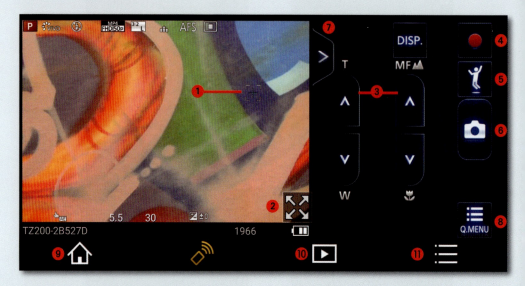

Das „Fernsteuerung"-Fenster der Panasonic „Image App" im Überblick:

❶ **Fokusmessfeld:** Sie können es durch Tippen auf dem Touchscreen Ihres Smartphones/Tablets an der gewünschten Stelle positionieren und bei Einpunkt-AF den Messpunkt vergrößern/verkleinern.

❷ **Umschalten auf Vollbildanzeige:** Das Livebild füllt den kompletten Smartdevice-Monitor aus.

❸ **Zoom/Manueller Fokus:** Mit dem linken Schieberegler können Sie zoomen.
Am rechten Schieberegler stellen Sie manuell scharf – inklusive Focus Peaking!

❹ **Video-Start:** Hier können Sie eine Videoaufnahme starten und auch wieder stoppen.

❺ **Sprungschnappschuss:** Einstellung der Empfindlichkeit für den „Sprungschnappschuss": Springen Sie mit dem Handy in der Hand oder Tasche hoch, und die Lumix löst am höchsten Punkt Ihres Sprunges aus. Etwas Übung für gelungene Sprung-Selfies muss aber sein!

❻ **Auslöser:** Tippen Sie auf diesen Button, und die TZ202 löst aus.

❼ **Weitere Einstellungen:** Unter dieser kleinen Registerkarte lassen sich Touch-AF, Touch-Belichtung, Programmshift, Weißabgleich, AF-Felder, ISO-Wert und Belichtungskorrektur steuern.

❽ **Quick-Menü:** Zugriff auf Bildstil, Qualität, Fokusmodus und Co. – ähnlich dem Q.MENU-Button (Fn3).

❾ **Home-Button:** Zurück zum Hauptsteuerungsbildschirm der Image App.

❿ **Wiedergabe-Fenster:** Bilder und Filme auf der Speicherkarte der Kamera anschauen. Zur Übertragung auf das Telefon/Tablet Thumbnail ca. 1 Sekunde anfassen und dann im blauen Rahmen auf „Smartphone speichern" ziehen und loslassen. Auch das Löschen der Bilder auf der SD-Karte ist hier möglich.

⓫ **Menü:** Weitere Funktionen, beispielsweise Zugangsdaten zum „Lumix Club" eingeben.

HANDLING

Mit der Vollbildanzeige der App erhalten Sie eine deutlich bessere Sichtkontrolle und können beispielsweise sehr zielgenau manuell scharfstellen, inklusive Fokus-Peaking.

Bilder lassen sich direkt im Wiedergabebildschirm der App auswählen und mit den verschiedensten Diensten wie Mail oder WhatsApp per Telefon an andere Personen senden.

Tipp: Die TZ hat zwar kein eigenes GPS-Modul an Bord, doch mit der Geotagging-Funktion zeichnet das Smartphone über seinen eingebauten GPS-Empfänger Ortsinformationen auf, die es via Bluetooth-Verbindung an die Kamera überträgt, sofern das Handy in der Nähe und eingeschaltet ist. Die Bilder, die Sie in der Zeit, als das Geotagging auf dem Smartphone lief, gemacht haben, werden nun mit einer Ortsinformation versehen und tragen bei der Wiedergabe das Kürzel „GPS". Sie können die Ortsinformationen aber auch nachträglich via „Batch senden" per WiFi-Verbindung an die Kamera schicken.

HANDLING

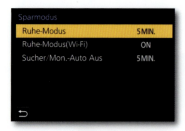

"Time"-Betrieb machen wollen, dann sollten Sie den Ruhe-Modus deaktivieren. In der zweiten Zeile des „Sparmodus"-Menüs lässt sich auch bestimmen, dass die Kamera bei einer bestehenden WiFi-Verbindung nicht automatisch nach 15 Minuten in den Ruhemodus wechselt. In der letzten Zeile wird festgelegt, ob und wann die TZ den Sucher bzw. Monitor automatisch ausschalten soll, um Strom, zu sparen.

Monitor-/Sucher-Anzeigegeschwindigkeit: Wählen Sie hier die **Bildwiederholfrequenz** für Sucher und Monitor (30 oder 60 fps). Bei 60 fps werden Bewegungen flüssiger dargestellt und es kommt kaum zu „Schlieren", wenn Sie die Kamera während der Bildbetrachtung hin und herbewegen. Zudem ermöglicht nur die schnelle Wiederholfrequenz die Aktivierung des **Digitalzooms**. Dafür kostet die höhere Frequenz mehr Energie. Für ruhige Motive bei normalen Lichtverhältnissen reichen 30 fps völlig aus. Für Sport, Action und das Arbeiten unter Mischlichtbedingungen wählen Sie die höhere Frequenz.

Monitor/Sucher: Der Rückseiten-Monitor und der elektronische Sucher lassen sich hier in puncto Helligkeit, Kontrast, Sättigung und Farbton (eher rot oder eher blau) regulieren. Grundsätzlich sollten Sie beim Verändern dieser Einstellungen **vorsichtig** sein. Gerade bei einer Veränderung der Farbwiedergabe können Sie böse Überraschungen erleben, da der Sensor das Bild ja farblich anders aufnimmt, als Sie es am Monitor sehen. Übrigens heißt das „Monitor"-Menü folgerichtig „Sucher", wenn Sie es im elektronischen Sucher aufrufen. **Tipp**. Verlassen Sie sich auf keinen Fall zu 100 Prozent auf die Bildbeurteilung am Display und begutachten Sie Ihre wichtigsten Fotos lieber zu Hause am Computer-Bildschirm.

Monitor-Helligkeit: Komfortabler als die manuelle Einstellung der Helligkeit ist die **automatische Regelung** – das erste Symbol unter „Monitor-Helligkeit", gekennzeichnet durch das „A" mit Sternchen). Dann nämlich regelt die Lumix die Grundhelligkeit des Rückseiten-Monitors je nach Umgebungslicht heller oder dunkler. Das Symbol mit der 1 ist der **„Power-LCD-Modus"**, bei dem der Monitor auf eine sehr helle Stufe gestellt wird (die Sie eine Zeile

HANDLING

darüber unter „Monitor" sogar noch manuell steigern können). Das ist ideal, wenn Sie das Foto bei gleißendem Sonnenlicht auf dem Monitor gestalten müssen, kostet aber mehr Akku-Energie. Die beiden Punkte darunter dunkeln das Bild weiter ab. In der Praxis ist die **Automatik-Funktion** die beste Wahl. Die Einstellungen hier haben übrigens keinen Einfluss auf den elektronischen Sucher.

Augen-Sensor: Der Augensensor rechts vom elektronischen Sucher registriert mit einem Infrarotlicht, wann Sie die Kamera ans Auge nehmen und dann zum Beispiel auf Wunsch für die **automatische Umschaltung** vom Rückseiten-Monitor auf den Sucher und umgekehrt („Sucher/Monitor-Auto") sorgt. Dies können Sie alternativ manuell mit der **Fn4/LVF-Taste** rechts daneben erledigen. Bequemer geht's jedoch mit der Sensor-Automatik, die Sie für die Alltagsfotografie getrost aktiviert lassen können. Lediglich beim Einsatz der Kamera auf dem Stativ empfiehlt sich die manuelle Sucher-Umschaltung, da Sie sonst bei Einstellungen beispielsweise auf dem Touchscreen eventuell das Sucherbild versehentlich nach oben schalten, wenn Sie sich mit dem Finger dem Sensor nähern. Noch ein **Tipp**: Stellen Sie die **Empfindlichkeit** des Sensors auf „Low", dann spricht er nicht zu früh an, sondern erst, wenn Sie die Kamera am Auge haben.

USB-Modus: Mit dem mitgelieferten USB-Kabel können Sie die TZ nicht nur laden sondern auch direkt an einen Computer (zum Download der Daten) oder einen Drucker mit USB-Schnittstelle anschließen. Im USB-Menü, legen Sie fest, ob die Kamera nachfragen soll, ob es sich um einen PC oder Drucker handelt („**Verb. wählen**") oder ob Sie mit einem Drucker („**PictBridge**") oder einem PC verbunden wird. Wenn Sie keinen Kartenleser benutzen und die Daten direkt aus der Kamera auf den Rechner kopieren, dann wählen Sie im USB-Menü dauerhaft „**PC**", sodass die USB-Verbindung stets sofort und ohne Nachfragen hergestellt wird. Bei der PC-Verbindung unter Windows können Sie übrigens die PhotoFunStudio-Software zum automatischen Import der Bilder und Filme auf die Festplatte auffordern. Wenn Sie modernen Fotodrucker besitzen, dann können Sie über die USB-Verbindung „PictBridge" sehr komfortabel drucken und alle wichtigen Einstellungen inklusive des gewünschten Papierformats direkt auf dem Display der Lumix vornehmen.

HANDLING

TV-Anschluss: Unter „**HDMI-Modus**" stellen Sie die Auflösung für die Direktverbindung mit Ihrem HD-Fernseher ein. In der Regel bringt „Auto" die besten Ergebnisse. Mit „**HDMI-Infoanzeige**" legen Sie fest, ob die üblichen Anzeigeinfos während des Aufnahmebetriebs ebenfalls auf einem per HDMI-Kabel angebundenen TV-Gerät angezeigt werden sollen. **VIERA-Link**: Panasonic-Fans, die neben der Lumix auch einen Fernseher der Panasonic Viera-Linie besitzen, sollten „VIERA Link" aktivieren, denn dann kann die per HDMI-Kabel (Sie benötigen ein **HDMI-Micro-Kabel**) verbundene Kamera mit der Fernbedienung des TV-Geräts gesteuert werden. Sehr komfortabel bei der Diashow im Wohnzimmer.

Sprache: Festlegung der gewünschten Menü-Sprache.

Firmware-Anzeige.: Hier informieren Sie sich, welche Firmware-Version die Kamera verwendet. Wie Sie ein Update durchführen, erfahren Sie auf der rechten Seite.

Ordner/Dateieinstellungen: Die TZ202 legt Fotos in Ordnern an, die sich auf der SD-Karte im Hauptordner „DCIM" befinden. Diese sind standardmäßig folgendermaßen benannt:
100_PANA, 101_PANA, 102_PANA... Hier können Sie einen bereits existierenden Ordner auswählen oder einen neuen anlegen, auf Wunsch auch mit einer anderen Bezeichnung: „Neuen Ordner anlegen" / „Ändern". Ihnen stehen dazu (nach der dreistelligen Startnummer) fünf **individuelle Zeichen** zur Verfügung.
Auch die einzelnen **Dateinamen** des Reisezoomers sind standardisiert, lassen sich aber ebenfalls individualisieren, beispielsweise mit Ihren (dreistelligen) Initialen (siehe rechter Screenshot).
Tipp: **Adobe-RGB-Dateien** erkennen Sie am Unterstrich zu Beginn des Dateinamens.

HANDLING

INFO

Firmware-Update: So geht's

Hin und wieder bietet Panasonic kostenlose Firmware-Updates für seine Kameras an. Das sind Aktualisierungen der Kamerasoftware, die Fehler beheben oder Verbesserungen bringen. Zum Redaktionsschluss dieses Buches gab es für die TZ202 noch kein Update. Wir halten Sie im Lumix-Forum stets auf dem Laufenden über anstehende Updates und haben dafür sogar einen eigenen Bereich eingerichtet (einfach den QR-Code unten scannen). Bevor Sie das Update aufspielen, prüfen Sie zunächst, mit welcher Firmware Ihre Kamera arbeiten. Dazu gehen Sie ins Setup-Menü und wählen auf der 3. Bildschirmseite „Firmware-Anz.".

Laden Sie sich – sofern es eine neuere Version als auf Ihrer Kamera gibt – die Firmware von der Panasonic-Site herunter. Das können Sie sowohl mit Windows als auch mit Apple-Betriebssystemen machen. Entpacken Sie dann die Datei, so dass der Dateiname „.bin" lautet und schieben Sie sie auf die oberste Ebene einer (zuvor in der Kamera formatierten) Speicherkarte. Die stecken Sie in die Kamera und schalten den Wiedergabe-Modus ein. Jetzt müssen Sie nur noch den Anweisungen auf dem Bildschirm folgen.

Wichtig: Der Akku muss vollgeladen sein, da eine Stromunterbrechung während des Firmware-Updates die Kamera unwiderruflich beschädigen kann.

Hier der Link zu den Update-Seiten von Panasonic:
http://bit.ly/1W6RjQC

Im Lumix-Forum gibt es eine ausführliche Anleitung zum Updaten der Firmware von Lumix-Kameras: http://bit.ly/1Qmsgqw

HANDLING

Nr. Reset: Die Lumix zählt die gespeicherten Fotos und MP4-Filme nach folgendem Schema: Ordner „DCIM"; Ordnernummer = „XXX_PANA"; Bildnummer = OrdnernummerXXXX.JPG / .MP4. Dabei zählt sie innerhalb der Ordner bis 9999 und schaltet dann die Bildnummer auf 0001 zurück. Bei den Ordnern zählt sie auf 999. Wenn Sie die Nummer zurücksetzen, beginnt die TZ beim nächsten Bild wieder mit 0001 und legt einen neuen Ordner an. Wollen Sie auch die Ordner-Nummer zurücksetzen, dann müssen Sie zuvor die Karte formatieren und „Nr. Reset" erneut durchführen.

Reset: Damit setzen Sie die Kamera in mehreren Stufen in den Auslieferungszustand zurück. Alle von Ihnen eingestellten Werte, die Sprache und das Datum werden zurückgesetzt. **Netzwerkeinstellungen zurücksetzen**: Wenn Sie die Kamera verkaufen oder verleihen, dann sollten Sie alle persönlichen WiFi- und Bluetooth-Einstellungen und -Passwörter unbedingt hier löschen.

Künstl. Horizont angleichen: Wenn Sie den Eindruck haben, dass die „digitale Wasserwaage" der TZ dejustiert ist, dann können Sie sie hier neu justieren. Dazu sollte die Kamera aber auf einer **absolut ebenen Fläche** stehen! Sie können dazu die drei parallelen Hilfslinien benutzen, die die Lumix auf dem Bildschirm einblendet, und diese an einer Geraden ausrichten, von der Sie wissen, dass sie exakt waagerecht ist.

Demo-Modus: Hier führt die TZ eine Demo auf dem Bildschirm zum Thema „Post-Fokus" vor.

Format: Mit diesem Befehl löschen Sie alle (!) Daten auf der Speicherkarte und machen sie bereit für neue Speicherung. Formatieren sollten Sie die Karte hin und wieder – und auf jeden Fall, wenn sie zuvor in einem anderen Gerät zum Einsatz kam. Beim Formatieren schreibt die Lumix nämlich zugleich das passende **Dateisystem** auf die Karte und legt die drei Ordner „DCIM", „MISC" und „PRIVATE" an. Denken Sie aber daran, dass die Daten nach einer Formatierung gar nicht oder nur mit großem Aufwand und speziellen Recovery-Programmen wiederherzustellen sind.

HANDLING

„Mein Menü"

Neu im TZ-Lager ist das fünfte Hauptmenü der 202: „Mein Menü". Der Name deutet es schon an: Hier können Sie sich Ihr **persönliches Menü** zusammenstellen und auch so programmieren, dass genau dieses Menü stets griffbereit ist.

Bis zu 23 Features aus allen anderen Menüs der TZ202 lassen sich für das „Mein Menü" auswählen und auf Wunsch auch in ihrer Reihenfolge sortieren.

Über „Hinzufügen" wählen Sie die gewünschten Punkte nacheinander aus und bestätigen den jeweils folgenden „Speichern?"-Dialog. Haben Sie Ihre Auswahl getroffen, dann drücken Sie die Fn3-Taste. Nun können Sie die Menüpunkte noch durch Verschieben („Sortieren') in die von Ihnen bevorzugte Reihenfolge bringen oder versehentlich ausgewählte Features wieder aus dem „Mein Menü" löschen.

Tipp: Wenn Sie in der letzten Zeile die „Anzeige Mein Menü" auf „ON" stellen, dann erscheint Ihr individuelles Menü sofort, wenn Sie die „MENU/SET"-Taste drücken – egal, in welchem anderen Menü der Lumix Sie sich zuvor befunden haben.

HANDLING

Wiedergabe-Menü

Kommen wir zum Abschluss unserer Menü-Exkursion zu den Möglichkeiten der Bild- und Film-Wiedergabe mit der Lumix TZ202. Sie erreichen sie – unabhängig davon, ob Sie sich im Aufnahme- oder Wiedergabe-Betrieb befinden – durch Druck auf die „MENU/SET"-Taste. Das Menü beinhaltet drei Bildschirmseiten und einige spannende neue Features wie beispielsweise „Lichtzusammensetzung" oder „Sequenz zusammenfügen". Wir gehen das Menü der Reihe nach durch.

HANDLING

Diashow: Ideal für den Bilder- und Video-Genuss ist eine automatisch ablaufende Diashow per **HDMI-Verbindung** zum Fernseher. Im „Diashow"-Menü können Sie wählen, ob die Lumix Fotos oder Videos getrennt wiedergeben soll. Ideal ist die Einstellung „Alle", weil dann in bunter Mischung Stand- und bewegte Bilder gezeigt werden – und gerade kurze Videos bringen willkommene Abwechslung in die Fotoschau!

Bevor die Show startet, können Sie noch verschiedene **Effekte** auswählen. Wichtig: Je nach gewähltem Effekt ändert sich sowohl die Musik als auch die Überblendungsart. Sowohl musikalisch als auch optisch schön ist „Natural", da die Bilder hier mit dem beliebten „Ken Burns"-Effekt überblendet werden. Unter „Setup" legen Sie die Standdauer jedes Dias sowie eine Endlosschleife sowie die Sound-Wiedergabe fest. Stellen Sie hier unter „**Ton**" „Auto" ein, dann wird die Musik bei der Diashow von Standbildern abgespielt, während bei Videos der Originalton zu vernehmen ist. Bei „**Musik**" wird stets eine Melodie gespielt – störend bei Videos. „Ton" spielt nur den Originalton bei Videos ab, Bilder bleiben ohne Musik.

Wiedergabe: Auch für die Einzelbild-Wiedergabe können Sie bei der Lumix festlegen, welche Art von Daten (Standbilder, Videos oder alle) auf dem Monitor oder via HDMI-Verbindung auf dem Fernseher angezeigt werden. Haben Sie beispielsweise viele Videos auf der Karte, dann können Sie der Kamera mitteilen, diese bei der Wiedergabe zu ignorieren und stattdessen nur die Standbilder anzuzeigen – oder umgekehrt.

Schutz: Dateien, die mit „Schutz" markiert sind, können nicht von der Karte gelöscht werden, wohl aber durch Formatieren und am PC. Sie erkennen geschützte Dateien am kleinen Schlüssel-Symbol am linken oberen Bildschirmrand.

HANDLING

MINI-WORKSHOP

Wiedergabe-Infos und Navigation im Bildbestand auf der Karte

Die TZ202 bietet sehr ausführliche Informationen zu jedem auf der Karte gespeicherten Foto. Diese rufen Sie im Wiedergabebetrieb jeweils mit einem Druck auf die DISP-Taste ab. Nun sehen Sie nacheinander: das Bild ohne weitere Informationen, das Bild mit transparent eingeblendeten Infos zu den wichtigsten Aufnahmedaten und das Bild verkleinert mit vielen Detailinfos (scrollen Sie dazu nach unten für vier weitere Detailanzeigen – siehe rechte Seite).

Wenn Sie bei der ersten Bildanzeige auf das Mosaik-Symbol auf dem Touchscreen tippen oder den Zoomring nach links drehen, gelangen Sie zu verschiedenen Thumbnail-Übersichten, bis hinunter zur Ebene eines Monatskalenders, der Ihnen die Tage anzeigt, an denen Sie mit der TZ fotografiert haben. Mit dem Touchscreen (Finger spreizen) oder dem Zoomring nach rechts können Sie in die Einzelbilder hineinzoomen, darin navi-

gieren und Details kontrollieren. Tipp: Drehen Sie am Einstellrad, dann springt die Anzeige mit dem gleichen Vergrößerungsfaktor zum danebenliegenden Bild. Zum Löschen können Sie auch mehrere Bilder in der Thumbnail-Ansicht auf dem Touchscreen markieren und dann in einem Rutsch von der Karte tilgen (Screenshot unten rechts).

HANDLING

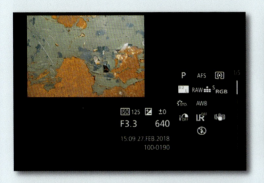
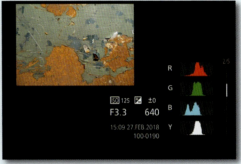

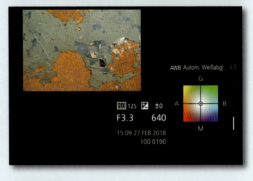

Maximale Infos zum Bild erhalten Sie in diesem Bildschirm. Drücken Sie die untere Taste des Vierrichtungswählers, um zur Anzeige von fünf Detailscreens zu gelangen, die Sie über alle wichtigen Aufnahmedaten, inklusive Histogramm, informieren.

HANDLING

Rating: Ähnlich wie bei verbreiteten Bildbearbeitungsprogrammen wie Adobe Bridge oder Lightroom können Sie die Bilder und Videos auf den Karten mit einer **Bewertung** zwischen einem und fünf Sternchen versehen, einzeln (Screenshot unten) oder in der Thumbnail-Übersicht. Die Bewertungen lassen sich bei der Bildwiedergabe in der Kamera ansehen oder unter aktuellen Windows-Systemen in der Detailansicht auslesen.

Titel einfügen: Standbildern (JPEG) können Sie hier einzeln oder in Gruppen Titelnamen verpassen, die dann später beim Direktausdruck mitgedruckt werden können. Der Text kann rechts unten in oranger Farbe ins Bild eingeblendet werden, wenn Sie auf der nächsten Bildschirmseite unter „**Texteingabe**" / „Text" / „On" aktivieren. Dort können Sie auch festlegen, ob beispielsweise das Datum mit eingedruckt werden soll. Am besten Sie speichern die mit Text versehene Aufnahme anschließend als neues Bild und erhalten damit das Original ohne Texteinblendung.

HANDLING

Gesichts-Erkennung bearbeiten: Wenn Sie im Individual-Menü Gesichter von Personen registriert und abgespeichert haben, dann können Sie die Bilder hier aufrufen und die Registrierung löschen oder dem Gesicht andere Namen zuordnen.

RAW-Verarbeitung: Zu den interessantesten Wiedergabe-Funktionen der TZ zählt die „RAW-Verarbeitung" direkt in der Kamera – ein mächtiges Tool, das es Ihnen ermöglicht, **auf der SD-Karte gespeicherte RAW-Dateien** ohne Computer zu optimieren und ins JPEG-Format zu konvertieren und ohne Verlust des Original-RAWs. Wir schauen uns das Vorgehen auf der folgenden Doppelseite genauer an.

4K Foto-Mengenspeicher: Eine zeitsparende Funktion, die es ermöglicht, einen 4K-Clip (maximal 5 Sekunden Länge) direkt in der Kamera automatisch in Standbilder zu konvertieren, die auf der Speicherkarte, sofern am Computer ausgelesen, dann als Einzeldateien vorliegen.

INFO

Brennweite – eine relative Angelegenheit

Im Prospekt lesen wir: „Das Zoom der TZ202 hat die Eckdaten 3,3-6,4/24-360 mm" Ein Blick auf die Frontlinsenfassung des Reisezoomers ergibt aber ein ganz anderes Bild. Dort steht „3,3-6,4/8,8-132 mm". Die Lichtstärkenangabe (z. B. „3,3") hingegen ist dieselbe, und auch der Zoomfaktor (15fach) bleibt gleich. Welche Brennweite stimmt nun? Die einfache Antwort: beide! „24-360 mm" ist lediglich die Übersetzung ins klassische Kleinbildformat. Dort ist der „Bildsensor" 36 x 24 mm groß, während er bei der Lumix TZ gerade mal ca. 13,2 x 8,8 mm misst. Da sich die Brennweite auf das Format des Aufnahmemediums bezieht, hat das selbe Zoom beim 1-Zoll-Sensor die Brennweite 8,8 mm (= 24 mm) bis 132 mm (= 360 mm). Man spricht hier auch von einem „Cropfaktor" von 2,7, weil der 1-Zoll-Sensor um diesen Faktor kleiner ist als das Kleinbildformat. Egal, wie wir es bezeichnen: Der Bildwinkel ist identisch und damit die „Weitwinkel- und Telewirkung". Wichtig: Wir sprechen im Buch grundsätzlich von der vertrauten kleinbild-äquivalenten Brennweite, also „24 bis 360 mm". Übrigens ändert sich die Brennweitenwirkung, wenn Sie beispielsweise das 4K-Foto oder die Post-Fokus-Funktion zuschalten. Dann verlieren Sie Weitwinkel, gewinnen dafür aber Tele.

HANDLING

MINI-WORKSHOP

RAW-Verarbeitung in der Kamera

Die integrierte RAW-Verarbeitung gibt es schon seit einigen Jahren im Lumix-System, so natürlich auch beim Top-Reisezoomer TZ202. Sie steht im Wiedergabe-Menü allerdings nur dann zur Verfügung, wenn Sie eine RAW-Datei auf der Speicherkarte ausgewählt haben.

Mit dieser Wiedergabe-Option können Sie sämtliche RAW-Dateien auf der Karte direkt auf dem Monitor bearbeiten und dann als Kopie ins JPEG-Format konvertieren. Zu den Bearbeitungswerkzeugen zählen: Weißabgleich (siehe rechte Seite), Gradation, Bildstil, i.Dynamik, Kontrast, Tiefen/Lichter, Farbsättigung, Rauschminderung, i.Auflösung und Scharfzeichnung – alles Dinge, für die Sie normalerweise einen PC und einen entsprechenden RAW-Konverter wie Silkypix oder Adobe Camera RAW benötigen! Wählen Sie das gewünschte RAW-File aus und suchen Sie sich mit den Richtungstasten die gewünschte Bearbeitung aus.

Wichtig: Erst über das Menü „Verarbeitung starten" (Screenshot unten rechts) wenden Sie die jeweilige Bearbeitung auf das RAW an und speichern das Ergebnis als JPEG.

Leider gibt die Lumix während der RAW-Verarbeitung kein HDMI-Signal aus, sonst könnten Sie das Ganze sehr komfortabel an einem großen externen Monitor erledigen.

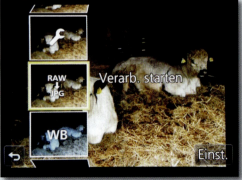

HANDLING

HANDLING

Lichtzusammensetzung: Dieses Feature macht sich die 4K-Fotoaufnahme zu Nutze und ermöglicht die nachträgliche Erstellung von **Bild-Composings** aus bis zu 40 Einzelaufnahmen, bei denen jeweils die **hellen Bereiche hinzuaddiert** werden, die dunklen aber nicht überstrahlen. Das ist beispielsweise ideal, um aus einer 4K-Serie von einem Feuerwerk ein Gesamtbild zu komponieren, bei dem der dunkle Vordergrund und der Himmel nicht ausgrauen oder rauschen, die Explosionen aber Stück für Stück nebeneinander in einem Bild dargestellt werden sollen. Verwenden Sie als Ausgangsmaterial eine **4K-Serie** („Serienbilder" oder „Serienbilder S/S"), denn hier können Sie die Szene bis zu 15 Minuten lang ablichten und daraus später auf dem Kameramonitor die Einzelfotos für das Licht-Composing auswählen. Gehen Sie in den Wiedergabe-Betrieb und suchen Sie die gewünschte Serie aus. Wählen Sie nun unter „Lichtzusammensetzung" den Unterpunkt „**Komposition Mischen**" aus. Jetzt

navigieren Sie mit dem Einstellrad oder den Richtungstasten zum jeweils gewünschten Foto und klicken auf „Weiter". Das gewählte Bild bleibt transparent im Hintergrund angezeigt, während Sie die weiteren Aufnahmen für das Composing auswählen. Sind Sie mit der Auswahl fertig, klicken Sie auf „Speichern", und die TZ setzt die Einzelaufnahmen automatisch zu einem JPEG-Bild zusammen.

Tipp: Mit „**Bereich mischen**" sparen Sie sich die Klickarbeit für die Wahl von Einzelaufnahmen und legen einfach das Start- und Endbild fest, damit die Lumix die dazwischen liegenden Fotos in der Helligkeit dazuaddiert.

Die „Lichtzusammensetzung" ist ein kreatives Werkzeug und macht hauptsächlich bei dunklen Szenen wie **Nachthimmel oder Feuerwerk** Sinn. Zugleich lädt das Feature aber auch zum Experimentieren mit witzigen Doppel- und Geisterbildern ein – probieren Sie's aus. Und denken Sie beim nächsten Feuerwerk daran, die Szene mit einer 4K-Serie aufzuzeichnen, so haben Sie später den Zugriff auf die passenden Einzelbilder.

HANDLING

Sequenz zusammenfügen: Brandneu im Lumix-Programm und erstmal in einer Kompaktkamera zu finden ist diese Technik. Sie ermöglicht, basierend auf einer 4K-Fotoserie, die Erstellung eines sogenannten „Stromotion"-Bildes (mit **stroboskopartiger Bewegungsdarstellung**) durch das Zusammenfügen mehrerer Einzelfotos, die mit „4K-Foto" aufgenommen wurden. Bislang waren für solche Stroboskop-Effekte Videoschnittprogramme nötig – bei der TZ202 passiert das einfach während der Wiedergabe und direkt in der Kamera.

Achten Sie bei der Aufnahme darauf, dass Sie den Kamerastandpunkt und den Bildausschnitt während der 4K-Serie nicht verändern und dass die Bewegung im Motiv vor einem möglichst ruhigen, neutralen Hintergrund stattfindet.

Haben Sie die 4K-Sequenz im Kasten, dann starten Sie im Wiedergabe-Menü die Funktion „Sequenz zusammenfügen". Nun drücken Sie die MENU/SET-Taste und wählen mit der rechten Richtungstaste oder dem Einstellrad die erste Szene. Bestätigen Sie mit MENU/SET und WEITER und wählen Sie die nächste Szene. Das wiederholen Sie so lange, bis Sie alle gewünschten Teile der Bewegung in einem Bild vereint haben. Dann wählen Sie „Speichern" und die Kamera kombiniert alle veränderten Motivdetails aus den verschiedenen Aufnahmen zu einem Bild, das sie als JPEG auf die Karte speichert (Bild unten).

HANDLING

Lösch-Korrektur: Ein weiteres In-Kamera-Bearbeitungsfeature, das für JPEGs verwendbar ist und das eine Bildmanipulation direkt auf dem **Touchscreen** der TZ202 ermöglicht. Von der Idee her soll die Funktion das „**Wegradieren" von unerwünschten Details im Bild** ermöglichen. Wischen Sie dazu mit der Fingerspitze über die zu entfernende Stelle, die sich anschließend rot einfärbt. Klicken Sie dann auf „Remove" – und die Kamera löscht den gewünschten Bereich. In der Praxis funktioniert das aber auf dem kleinen Kamerabildschirm bei feinen Details nur grob. Wollen Sie hingegen ein vor dem Hintergrund relativ gut abgesetztes Detail (wie in unserem Beispiel der Hund in der Wiese) wegretuschieren, dann klappt das ganz gut. Hier haben wir zunächst auf die Touchfläche „**Scaling**" getippt und ins Bild hineinvergrößert, um ganz gezielt die Konturen des Hundes mit der Fingerspitze „nachmalen" zu können. Mit „**Remove**" startet die Lumix den Retuscheprozess. Wer gezielt Dinge aus einem Bild herausretuschieren will, sollte dies allerdings lieber später am Computer in der Bildbearbeitung erledigen.

Texteingabe: Hier haben Sie, wie vorhin schon erwähnt, die Möglichkeit, einen mit „Titel einfügen" erstellten Text in ein JPEG-Bild schreiben zu lassen. Zudem können Sie festlegen, ob beispielsweise das Datum mit eingedruckt werden soll – wie in unserem Bildbeispiel. Am besten Sie speichern die mit Text versehene Aufnahme anschließend als **neues Bild** und erhalten sich damit das Original ohne Texteinblendung.

Größe ändern: Haben Sie JPEG-Bilder in voller Bildgröße gespeichert und wollen diese direkt von der Speicherkarte zum eMail-Versand laden oder in kleinen Größen ausdrucken, ohne die Daten mit einer Software nachzubearbeiten, dann können Sie hier das Foto auf **zwei Zielgröße**n verkleinern: 10 Megapixel (3888 x 2592) oder 5 Megapixel (2736 x 1824). Die Angaben beziehen sich auf das 3:2-Format – haben Sie ein anderes Seitenverhältnis vorgewählt, dann stehen andere Zielgrößen zur Verfügung.

Zuschneiden: Mit diesem Befehl lässt sich ein **Ausschnitt** aus einem gespeicherten Foto mithilfe des Zoomrings und den Richtungstasten festlegen und freistellen. Wenn Sie den gewünschten Bereich fixiert haben, drücken Sie auf die „MENU/SET"-Taste, und die TZ speichert den Ausschnitt als **Extra-Datei** ab.

HANDLING

Drehen: JPEGs und RAWs lassen sich mit diesem Befehl um jeweils 90 Grad ins Hoch- oder Querformat drehen (aber nur, wenn Sie ein paar Zeilen weiter „Anzeige drehen" eingeschaltet haben). Den Drehbefehl schreibt die Lumix in die **Exif-Daten** des Bildes, sodass auch Computer und TV-Geräte dies berücksichtigen.

Video teilen: Haben Sie ein (AVCHD oder MP4)-Video mit einer Länge von mehr als 2-3 Sekunden gedreht und möchten es in zwei Teile schneiden, dann nutzen Sie diesen Befehl. Lassen Sie den Film mit „MENU/SET"-Taste laufen, stoppen Sie an der gewünschten Teilungs-Stelle mit dem Touchscreen oder der oberen Taste des Vierrichtungswählers und drücken Sie dann auf die untere Taste (Scheren-Symbol). Wenn Sie nun bestätigen, legt die Lumix den Teil vor und hinter dem Schnitt als **zwei separate Filmdateien** auf der Speicherkarte ab. Den nicht benötigten können Sie anschließend löschen. Wichtig: Ein einmal auf diese Weise geteiltes Video lässt sich in der Kamera nicht mehr zusammensetzen. Überlegen Sie sich diesen Schritt also gut und „schneiden" Sie Ihre Filme lieber später am Computer.

Zeitraffer-/Stop-Motion-Video: Steckt in der TZ eine Speicherkarte mit Einzelaufnahmen einer Zeitraffer-Serie, dann können Sie diese hier, im Wiedergabe-Menü, **nachträglich** zu einem MP4-Video kombinieren, ähnlich wie beim Stop-Motion-Video, und dieses speichern. Das gleiche gilt für Stop-Motion-Animationen, die Sie eine Zeile weiter aus Einzelbildern einer zuvor aufgenommenen **Stop-Motion-Serie** ebenfalls nachträglich zusammenbauen können.

Anzeige drehen: Dreht auf Wunsch Hochformate auf dem Kamerabildschirm ins Hochformat. Besser deaktivieren und die Kamera zur Betrachtung drehen, dann ist die Bilddarstellung wesentlich größer.

Bildersortierung: Sortierung der Bildanzeige nach Zeit/Datum oder Dateiname. Wir bevorzugen die Datumssortierung.

Die TZ202 in der Praxis

Nach unserem Intensivkurs zum Thema Handling und Programmierung wenden wir uns nun im zweiten großen Teil unseres Buchs zur Kamera dem praktischen Einsatz des Reisezoomers zu. Dabei verlassen wir die Menüstruktur und untersuchen anhand zenraler Themen wie Belichtung, Blitzen, Autofokus, Bildqualität, Empfindlichkeit, Farben, Effekte usw., wie Sie das technische Angebot der Reise-Lumix gezielt für ausdrucksstarke Fotos nutzen können.

Am Strand von Palma de Mallorca herrschte trübes Licht bei unserem ersten Kurzausflug mit der TZ202. Abhilfe im Bild schafft der Kreativfilter „Sonnenschein". Foto: Frank Späth

PRAXIS

Dauerlicht

Wir starten in die Praxis mit dem elementarsten Ausgangs- und Ausdrucksmittel der Fotografie: dem Licht. Vielmehr: dem gekonnten Umgang mit Licht. Ob **Dauer- oder Blitzlicht**, ob filigranes Streif-, gleißendes Gegen- oder kaum vorhandenes Restlicht: Sie als Fotograf entscheiden stets, wie und mit welchen Bordmitteln der Kamera Sie die im Motiv vorhandene Helligkeit analysieren, beherrschen und gemäß Ihren Motivvorstellungen schließlich auf die Speicherkarte bannen.

Die TZ202 ist das zweite Topmodell unter Panasonics kompakten Reisezoomern und steht in Sachen Analyse- und Steuerungsmöglichkeiten einem deutlich größeren FZ-Modell oder auch den spiegellosen Systemkameras des Lumix G-Systems kaum nach. Es gibt also jede Menge zu regeln und einzustellen. Wie Sie das machen, ob Sie sich schlicht und ergreifend auf die vielen Automatiken und Belichtungshelfer verlassen oder ob Sie ganz klassisch mit Zeit und Blende handwerken, ist eine Frage Ihrer Vorkenntnisse, Ihrer Gewohnheiten, Ihres Geschmacks und letzten Endes auch Ihrer Kreativität.

Wir schauen uns im ersten großen Abschnitt des Praxiskapitels zunächst die verschiedenen Möglichkeiten der **Lichtmessung** an und wenden uns dann der **Belichtungssteuerung** zu. Grundsätzlich können Sie Ihre Motive ein halbes Fotografenleben lang in der werksseitig eingestellten Mehrfeldmessung, kombiniert mit „intelligenter Automatik" oder einem der Szeneprogramme, gestalten und bannen technisch saubere Fotos auf die Karte. Doch damit geben Sie das Gestalten mit Licht in die Hand von (zugegebenermaßen cleverer) Kamerasoftware. Aus diesem Grund möchten wir Sie im „Licht"-Abschnitt zunächst über das Angebot an Mess- und Kontrollmöglichkeiten informieren, um Sie damit gleichzeitig zu motivieren, auch einmal selbst Hand anzulegen.

Dabei geht es nicht immer um die technisch „richtige" Belichtung. Im Gegenteil: Gerade ein **Abweichen** von den von der Kamera ermittelten und vorgeschlagenen Normwerten bringt nicht selten die nötige Spannung ins Bild.

PRAXIS

Belichtung messen

Mehrfeldmessung

Mehrfeldmessung; ISO 200; Blende f/3,3. Ausgewogenes Ergebnis mit der Standard-Belichtungsmessung der TZ202. Foto: Frank Späth

Los geht's mit der Belichtungsmessung, die Sie wahlweise im Aufnahme- oder Schnell-Menü (Screenshot) unter „Messmethode" steuern. Standardmäßig aktiv ist die Mehrfeldmessung. Diese Methode (Symbol: der Punkt zwischen zwei Klammern) bietet sich für die meisten Motive an, weil sie die richtige Belichtung für das Motiv in **mehreren verschiedenen Segmenten über das gesamte Bildfeld verteilt** misst. Diese Art der Messung kommt heute als Standard zum Einsatz. Die Lumix misst zuverlässig und beherrscht mit der Mehrfeldmessung auch hohe Kontraste zielsicher. Dennoch können starkes Gegenlicht oder sehr dunkle Motive die Messung irritieren. Nicht selten tendiert sie bei dunkleren Szenen zu einer zu hellen Wiedergabe. Achten Sie also vor dem Auslösen auf die Bildanzeige auf dem Monitor oder im Sucher. Wirkt das Motiv zu dunkel (was meist bei sehr hellen Hintergründen wie Schnee oder Himmel vorkommt) oder zu hell? Sind Sie mit dem Messergebnis nicht zufrieden, stehen Ihnen (neben der Belichtungskorrektur) zwei weitere Charakteristika zur Wahl.

PRAXIS

Mittenbetonte Messung

Diese Charakteristik (symbolisiert durch die beiden Klammern) ist älter als die Multimessung und konzentriert sich, wie ihr Name schon sagt, auf die **Bildmitte**. Mittenbetonte Messung ist immer dann die richtige Wahl, wenn sich sowohl Hauptmotiv als auch Hauptbeleuchtung weitgehend im Motivzentrum befinden. Fällt der Beleuchtungsschwerpunkt nicht mit dem Hauptmotiv zusammen, dann können Sie die Mittenmessung gezielt einsetzen: Messen Sie mit dem Sucherzentrum das Hauptmotiv an, drücken Sie die **Belichtungsspeichertaste** („AF/AE-Lock")

oder halten Sie einfach den Auslöser angedrückt und schwenken Sie dann zum finalen Bildausschnitt zurück. So haben Sie die volle Kontrolle über den gewünschten Beleuchtungsschwerpunkt und sind bei kritischen Motiven gegenüber der Mehrfeldmessung im Vorteil. Denn die Mittenbetonung steuert nicht so eifrig gegen wie die Mehrfeldmessung, was besonders bei dunklen Flächen oft zu besseren Resultaten führt.

Mittenbetonte Messung; ISO 100; Blende f/3,5. Das kontrastreiche Motiv sollte auf keinen Fall zu hell belichtet werden. Hier hat die Mittenbetonung dafür gesorgt, dass der Bildeindruck erhalten bleibt. Foto: Frank Späth

PRAXIS

Spotmessung

Die dritte Mess-Charakteristik unserer Lumix ist so etwas wie das Gegenteil der Mehrfeldmessung. Im Spot-Betrieb evaluiert die Kamera **ausschließlich das Zentrum des Sucherbildes**. Bei der Spotmessung zeigt Ihnen die Lumix ein **kleines grünes Kreuz** als Messpunkt an. Achten Sie unbedingt auf diese Markierung: Sie sollte sich exakt mit dem Hauptmotiv decken, denn nur in diesem extrem engen Winkel wird die Belichtung ermittelt. Die Spotmessung eignet sich für Gegenlicht und Motive mit hohem Kontrast. Übrigens: Wenn Sie mit der Mittenbetonung oder Spotmessung arbeiten, sollten Sie die **AF-Felder einschränken**, denn die Belichtung sollte ja auf jenen Bereich abgestimmt werden, der auch scharfgestellt wird. Und da hilft es wenig, wenn der 49-Feld-AF Ihrer TZ202 nach rechts oben, die Spotmessung aber in die Suchermitte gewichtet hat.

Tipp: Beim **1-Feld-AF** decken sich Messung und Fokussierung stets, das Spotkreuz wandert also mit, wenn Sie das AF-Feld verschieben (siehe Screenshot).

TIPP

Mess-Charakteristik schnell ändern

Wer ambitioniert fotografiert, wird nicht selten von der Mehrfeldmessung auf eine der beiden anderen Messungen umschalten wollen. Leider bietet die Lumix dafür keine dedizierte Taste am Gehäuse. Ein einfacher Trick schafft Abhilfe: Programmieren Sie eine der Fn-Tasten mit der Option „Messmethode". Das erledigen Sie – wie im Handling-Kapitel beschrieben – im Individual-Menü / Betrieb unter „Fn-Tasteneinstellung" (oberer Screenshot). Wählen Sie hier die gewünschte Fn-Taste aus und bestätigen Sie beim Punkt „Messmethode" mit OK. Nun müssen Sie beim Fotografieren nur noch die gewählte Fn-Taste (in unserem Beispiel die „Fn4" rechts neben dem Sucher) andrücken und können blitzschnell die Messcharakteristik ändern (unterer Screenshot).

PRAXIS

MINI-WORKSHOP

Gezielt arbeiten mit der Spotmessung

Mit der Spot-Messmethode der TZ202 haben Sie ein hochpräzises Werkzeug zur gezielten Messung zur Hand, das allerdings beherrscht werden will. Denn perfekt und fehlbelichtet liegen oft nur wenige Zentimeter im Motiv auseinander, wie in unserem Beispiel. Wir haben dasselbe Motiv auf drei verschiedene Arten mit der Spotmessung belichtet.

Angesichts des hohen Kontrastumfangs dieser Szene macht Spotmessung durchaus Sinn – sofern sie richtig eingesetzt wird. Die Pfeile zeigen auf die Stelle, an der jeweils mit dem grünen Spotmess-Kreuz in der Zeitautomatik mit Blende f/3,5 angemessen wurde.

Beim Bild oben liegt die Messung im Schattenbereich des Wassers, daher wird das Gesamtbild überbelichtet (1/80 s Verschlusszeit). Beim Foto in der Mitte erfolgte die Messung auf den hell beschienenen Fleck im Bildzentrum. Nun passiert das Gegenteil von Bild 1: Die Kamera analysierte die helle Fläche und verkürzte die Belichtungszeit auf 1/320 s, der Vordergrund gerät dabei aber zu dunkel. Immerhin ließe sich aus dieser Variante in der späteren Bildbearbeitung mehr herausholen als aus der ersten, denn mäßig unterbelichtete Partien sind nachträglich leichter (vor allem im RAW-Format) zu rekonstruieren als ausgefressene Lichter.

Fotos: Frank Späth

Beim Bild unten schließlich wurde auf eine halbwegs gleichmäßig beleuchtete Stelle im Halbschatten gemessen und die Zeitautomatik steuerte eine Belichtungszeit von 1/125 s ein – der beste Kompromiss, allerdings fressen die hellen Stellen wieder leicht aus. Daher hätte man hier noch mit einer leichten Minuskorrektur der Belichtung (ca. -1/3 oder -2/3 EV) gegensteuern können.

PRAXIS

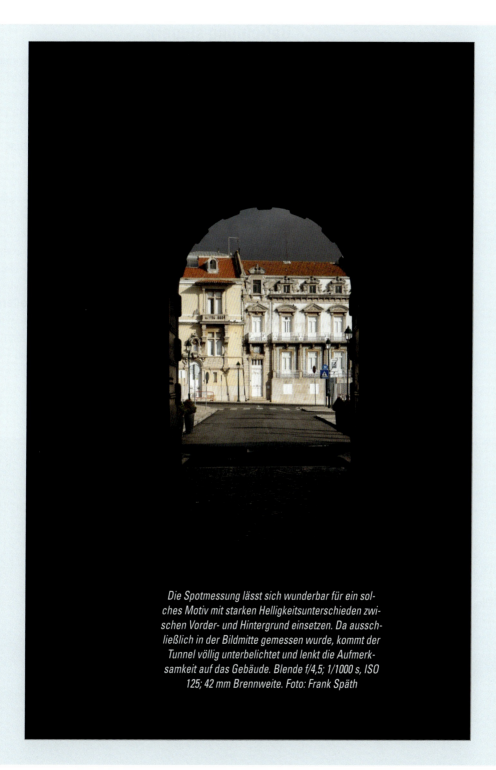

Die Spotmessung lässt sich wunderbar für ein solches Motiv mit starken Helligkeitsunterschieden zwischen Vorder- und Hintergrund einsetzen. Da ausschließlich in der Bildmitte gemessen wurde, kommt der Tunnel völlig unterbelichtet und lenkt die Aufmerksamkeit auf das Gebäude. Blende f/4,5; 1/1000 s, ISO 125; 42 mm Brennweite. Foto: Frank Späth

PRAXIS

Belichtung steuern

Egal, mit welcher Messung Sie auch arbeiten: Die **Steuerung** der Belichtung steht auf einem anderen Blatt. Die TZ202 bietet eine große Auswahl an Belichtungsprogrammen, die sich an die unterschiedlichsten Erfahrungshorizonte wendet. Grundsätzlich erfolgt die Steuerung der Belichtung durch eine Veränderung von **Belichtungszeit, Blende und/oder ISO-Empfindlichkeit**. Dies alles können Sie miteinander kombinieren und der Kamera-Automatik überlassen – oder Sie entkoppeln die verschiedenen Parameter und arbeiten halbautomatisch oder komplett manuell. Wir wollen uns das genauer ansehen.

Der einfachste Weg führt auch beim jüngsten Reisezoomer von Panasonic über die **Intelligente Automatik „iA"**. Die gibt es in „normaler" und „+"-Version, die ein paar mehr Eingriffs- und Steuerungsmöglichkeiten bietet.

Neben der intelligenten Automatik ist die TZ mit **vier weiteren klassischen Betriebsarten P/A/S/M** (Programm-, Zeit-, Blendenautomatik und manuelle Belichtung), plus diversen Szene-Programmen (die sich aber nicht so feinsteuern lassen wie P/A/S/M) ausgestattet. Schauen wir uns also das Angebot einmal näher an und klären die Frage, wann sich welche Betriebsart anbietet.

Die Belichtungsbetriebsarten P/A/S/M, der „iA"-Modus, die Szene- und Kreativprogramme finden sich alle auf dem Modusrad. Mit dem Einstellrad bzw. Steuerring rund ums Objektiv ändern Sie Zeit und/oder Blende.

Für spontane Schnappschüsse sind die „intelligente Automatik" oder die Programmautomatik der TZ202 ideale Betriebsarten. Hier wählte die TZ im iA-Betrieb 1/200 s bei Blende f/8 und ISO 400. Foto: Frank Späth

PRAXIS

Intelligente Automatik „iA" und „iA+"

Diese Komplettsteuerung wendet sich vornehmlich an eher unerfahrene Fotografen, hat aber auch Fortgeschrittenen manches zu bieten. Hinter dem Begriff „Intelligente Automatik" verbirgt sich ein komplexes System zur automatischen Motiverkennung und Belichtungssteuerung. Im „iA"-Betrieb analysiert die Lumix das Motiv und schaltet die **automatische Szene-Erkennung inklusive Gesichtserkennung und Augen-AF** zu. Außerdem versucht sie bei erkanntem **Gegenlicht** automatisch die Belichtung zu korrigieren, um Unterbelichtungen zu vermeiden (blitzt auch automatisch auf, sofern der Blitz ausgeklappt ist), steuert die ISO-Empfindlichkeit in Abhängigkeit von erkannter Bewegung im Bildfeld („i.ISO"), aktiviert den Quick-AF, die „i.Dynamik", „i.Auflösung" und stellt die Bildqualität fest auf „JPEG Fein".
RAWs sind im normalen „iA"-Modus (oberer Screenshot) nicht möglich, wohl aber bei „iA+".

Bei der automatischen Szene-Erkennung aktiviert die Lumix im Standbildbetrieb zudem eines der folgenden „intelligenten Szeneprogramme": i.Portrait, i.Landschaft, i.Makro, i.Nachtportrait, i.Nachtlandschaft, i.Hand-Nachtaufnahme, i.Speisen, i.Sonnenuntergang und i.Baby. Beim Videodreh stehen im „iA"-Modus die vier automatischen Szeneprogramme i.Portrait, i.Landschaft, i.Dämmerungslicht, i.Hand-Nachtaufnahme und i.Makro zur Verfügung. Viel einstellen lässt sich bei der normalen „intelligenten Automatik" **iA** nicht – aber das ist ja auch nicht der Sinn dieses Vollprogramms.

Bei „iA+" können Sie die Belichtungskorrektur steuern und die Bildfarbe (Screenshot) beeinflussen. Dafür gibt es eine eigene „iA+" Registerkarte auf dem Touchscreen.

Beim **Modus „iA+"** sind mit dem Touchscreen und dem Einstellrad die **Zeit-/Blendenkombination** (für die Schärfentiefe, „**Touch Defocus**" genannt), die **Helligkeit** via Belichtungskorrektur und die **Bildfarbe** zwischen bläulich und rötlich steuerbar – zuvor auf die WB-Taste drücken. Doch wer selbst gerne und oft Hand anlegt an die Belichtungs- und Schärfeeinstellungen, kann in diesem Fall auch gleich in die Programmautomatik wechseln.

Vorteil des „iA"-Modus ist neben seiner einfachen Funktionsweise gerade für Anfänger die automatische Szene-Erkennung. Damit gelingen nicht selten die besseren Bilder. Auch die Tatsache, dass die TZ die Art des erkannten Motivs in den

PRAXIS

Exif-Bilddaten auf der Speicherkarte vermerkt, hat Vorteile: So kann etwa noch in der Kamera oder mit der Software **PhotoFun-Studio** (Gratis-Download nach Eingabe der Kamera-Seriennummer unter: http://bit.ly/2e9Rxpu) gezielt nach bestimmten Kategorien wie Portrait, Landschaft oder Makro gesucht werden. Bedenken sollten Sie, dass bei beiden „iA"-Modi stark in die Bildeinstellungen eingegriffen wird.

Auch deswegen sind im normalen „iA"-Betrieb die Menü-Einstellmöglichkeiten stark reduziert, weil Panasonic verhindern will, dass Anfänger aus Versehen bildwichtige Funktionen verstellen (wie beispielsweise Weißabgleich, ISO, AF-Modus oder Belichtungsmessung). Die Reduktion der veränderbaren Parameter spiegelt sich im Schnell-Menü („Q.MENU") wider (Screenshot

links). Dafür finden sich im „iA"-Aufnahme-Menü Features, die Sie bei P/A/S/M nicht erreichen, beispielsweise die „i.Hand-Nachtaufnahme" oder „i.HDR".

Tipp: Um schnell zwischen dem normalen iA und dem iA+-Modus umschalten zu können, tippen Sie einfach mit dem Finger auf das kleine rote iA-Symbol in der linken oberen Bildschirmecke. Dann erscheint ein Auswahlbildschirm, auf dem Sie den gewünschten iA-Betrieb aktivieren können.

Fazit: Die „Intelligente Automatik" der TZ202 ist das, was ihr Name verspricht: clever. Wer sich ganz und gar aufs Motiv konzentrieren will oder sich (noch) nicht an erweiterte Einstellungen herantraut, fährt hier gut. Wer aber mehr Einfluss auf das Bild nehmen will, ist mit der Programmautomatik oder den anderen Betriebsarten (bei etwas abgespecktem Erkennungs-Komfort) besser beraten. Bei Portraits hingegen arbeiten wir inzwischen gerne mit „iA", da uns vor allem die vollautomatische **Gesichts- und Augenerkennung** gefällt.

PRAXIS

Programmautomatik (P)

Drehen Sie das Modusrad auf „P". In diesem altbekannten Modus können Sie das Gros Ihrer Aufnahmen belichten – es sei denn, Sie wollen getrennt Einfluss nehmen auf die Parameter Zeit und/oder Blende. Die Programmautomatik erlaubt Ihnen im Gegensatz zur Intelligenten Automatik **schnelle Eingriffe** in das Belichtungsgeschehen, beispielsweise über die **Belichtungskorrektur** oder die **automatische Belichtungsreihe**. Die Programmautomatik sorgt auch dafür, dass stets die zum Motiv passende und von der Belichtungsmessung ermittelte Zeit-/Blendenkombination automatisch eingesteuert wird, ohne Zutun des Fotografen.

Das Ganze funktioniert bei unserer Lumix – ebenso wie die Belichtungsmessung – sehr zuverlässig und lässt dem Fotografen Freiraum für die Motivgestaltung und andere Einstellungen. Droht Überbelichtung, obwohl die Kamera bereits die kleinste Blende und kürzeste Verschlusszeit eingesteuert hat, oder Ver-

---

TIPP

Nutzen Sie den Programmshift!

Noch weitergehende Eingriffe in die Programmautomatik sind mit dem sogenannten Programmshift möglich. Drücken Sie dazu den Auslöser kurz an, damit die gemessenen Belichtungswerte am linken unteren Bildschirmrand angezeigt werden, und drehen Sie nun am Einstellrad oder am Steuerring. Auf dem Display erscheint das gelbe P-Symbol mit einem diagonalen Pfeil (siehe Screenshot) und die aktuelle Zeit-/ Blendenkombination. Nun drehen Sie nach links für eine größere Blende/kürzere Zeit oder nach rechts für eine kleinere Blende/längere Zeit. Sind Sie beim ursprünglich von der Kamera ermittelten Wert angelangt, erlischt das gelbe „P".
Mit dem Programmshift können Sie beispielsweise einer größeren Blende den Vorzug geben, und die Lumix passt die Zeit bzw. die ISO-Empfindlichkeit automatisch an. Der Programmshift liefert ein weiteres Argument dafür, standardmäßig mit der Programmautomatik zu arbeiten und sich schwerpunktmäßig auf das Motiv zu konzentrieren, statt sich bei Standardmotiven mit dem gezielten Abgleich von Zeit und Blende zu beschäftigen. Achtung: Bei 4K-Foto, Post-Fokus sowie bei aktivierter i.ISO und beim Blitzen steht der Programmshift nicht zur Verfügung.

PRAXIS

wacklungsgefahr durch zu lange Verschlusszeiten, die auch die O.I.S.-Bildstabilisation nicht mehr ausgleichen kann, dann färbt sich die Anzeige der Blende und Verschlusszeit auf dem Display rot. Achten Sie auf dieses Warnzeichen (denn sonst riskieren Sie eine Fehlbelichtung) und verwenden Sie in solchen Extremsituationen den Blitz oder ein Stativ.

Auf jeden Fall ist die Programmautomatik ein empfehlenswerter Begleiter für die meisten Motive des fotografischen Alltags. Auch wenn Sie im „P"-Modus auf die automatische Szene-Erkennung des „iA"-Betriebs verzichten.

Fazit: Die Programmautomatik ist auch für Anfänger eine lohnenswerte Alternative zu „iA" – und unsere meist genutzte Betriebsart bei der TZ202 und anderen Kameras.

Die Programmautomatik kümmert sich um die Einstellung von Zeit und Blende. Und wenn Sie es für nötig halten, dann können Sie durch Drehen am Einstellrad/Steuerring den Zeit-/Blendenwert in die gewünschte Richtung verschieben. Blende f/4,1; 1/40 s; ISO 400. Foto: Frank Späth

PRAXIS

Zeitautomatik (A) = Vorwahl der Blende

Die zweite Möglichkeit der Belichtungssteuerung (symbolisiert durch das „A" auf dem Modusrad) liegt einen Linksdreh von der Programmautomatik entfernt. „A" steht für die englische Bezeichnung „Aperture Preselection", also **Blendenvorwahl** (bei Panasonic „Blenden-Priorität" genannt). Und das sagt schon alles: Bei der Zeitautomatik wählen Sie mit dem Einstellrad oder Steuerring den Blendenwert vor. Drehen Sie in der Standardprogrammierung nach rechts für größere Blendenöffnungen (= geringere Schärfentiefe), nach links für kleinere (= größere Schärfentiefe), und die Kamera steuert die zum Motiv passende Belichtungszeit automatisch ein.

Zeitautomatik eignet sich für all jene Motive, bei denen Sie mit Hilfe der Blendenwahl die **Schärfentiefe** im Bild beeinflussen wollen, also beispielsweise bei Portraits, Makro- oder Landschaftsaufnahmen. Denn neben der Brennweite des Objektivs und dem Aufnahmeabstand (genauer gesagt dem Abbildungsmaßstab und Bildwinkel) ist die **Blende** für die Ausdehnung der Schärfe im Bild verantwortlich: Je größer die Blendenöffnung, desto kleiner der scharf abgebildete Bereich vor dem Objektiv und umgekehrt. Bei Portraits werden Sie wahrscheinlich große Blendenöffnungen (3,3 oder 4,0) bevorzugen, um die Schärfe gezielt auf die Person und nicht auf den unwichtigen Hintergrund zu legen. Umgekehrt verfahren meist Makrofotografen: Hier gilt es, durch möglichst starkes Abblenden die im Nahbereich ohnehin äußerst knapp bemessene Schärfentiefe auszudehnen. Auch Landschaftsbilder werden gerne mit kleineren Blenden gemacht, wenn es auf eine möglichst große Schärfentiefe ankommt. **Achtung**: Bei der TZ202 können Sie bis maximal f/8,0 abblenden – kleinere Blenden sind aufgrund der Sensorgröße nicht drin und machen technisch gesehen auch wenig Sinn. Denn mit kleiner werdender Blende steigt die (wenn auch bei der TZ nicht so stark ausgeprägte) Beugungsgefahr – wie wir im Handling-Kapitel bereits gezeigt haben.

Erwarten Sie vor allem bei kürzeren Brennweiten und größeren Aufnahmedistanzen **keine allzu starken Auswirkungen auf die Schärfentiefe** durch Auf- oder Abblende – vor allem, wenn Sie die TZ202 mit einer Systemkamera vergleichen. Dennoch lässt sich auch im Weitwinkelbereich durch die Wahl einer größeren Blendenöffnung eine gewisse Unschärfe im Bildhintergrund erzeugen – ein Vorteil gegenüber typischen Kompaktkameras.

PRAXIS

24 mm; f/3,3

Das Spiel mit Schärfe und Unschärfe ist vor allem bei kurzen Brennweiten limitierter als bei Systemkameras mit größeren Sensoren. Dennoch lässt sich auch bei 24 mm durch Auf- oder Abblenden der Hintergrund aus kurzen Aufnahmeabständen einigermaßen ausblenden (Bild oben). Fotos: Frank Späth

24 mm; f/8

PRAXIS

Blendenautomatik (S): Vorwahl der Zeit

Wer der Kamera die Wahl der Blende überlässt, legt Wert auf eine bestimmte Verschlusszeit. Die ist wahlweise möglichst kurz (z. B. für Sport) oder absichtlich lang (z. B. für Nachtaufnahmen oder Bilder mit beabsichtigter Bewegungsunschärfe). Mit einem Dreh am Modusrad der TZ202 auf die „S"-Markierung befinden Sie sich in der für solche Fälle idealen Belichtungsbetriebsart, der Blendenautomatik mit Zeitvorwahl. Der Buchstabe „S" kürzt den englischen Begriff für Blendenautomatik ab: „Shutter Preselection", also Verschluss(zeiten)vorwahl (bei Panasonic: „Zeiten-Priorität"). Die Blendenautomatik funktioniert im Prinzip genau umgekehrt wie die Zeitautomatik.

Bei der Lumix TZ202 haben Sie bei Blendenautomatik die Wahl zwischen über **50 Verschlusszeitenstufen** auf dem Weg von der kürzesten (1/2000 s) zur längsten (60 s) Zeit – wenn der mechanische Verschluss („MSHTR") aktiviert wurde. Steht die Kamera bei „Verschlusstyp" auf „Auto" oder „ESHTR", also elektronischem Verschluss, dann reicht der Zeitenbereich sogar bis zu **1/16.000 s** als kürzeste Belichtung.

Je nach von Ihnen mit dem Einstellrad oder Steuerring gewählter Zeit variiert die Automatik der Kamera die dazu passende Blende beziehungsweise den ISO-Wert (bei ISO Auto – „i.ISO

Soll Bewegung scharf abgebildet werden, ist die „S"-Stellung des Modusrads in Kombination mit der Wahl einer kurzen Belichtungszeit (hier: 1/1000 s) der passende Modus. Foto: Frank Späth

TIPP

Digitale „Abblendtaste": die Vorschau-Funktion

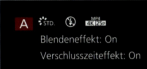

Die TZ kann die Auswirkung der Verschlusszeit (z. B. durch Verwacklung) und der Blende (Schärfentiefe) auf dem Display simulieren, bevor Sie das Bild machen. Belegen Sie dazu eine Funktionstaste mit der „Vorschau" (in unserem Beispiel „Fn4"). Wird diese gedrückt, dann zeigt der Monitor wahlweise die Blenden- oder Zeitenwirkung an (dazu noch einmal die Fn-Taste drücken). So können Sie recht flott kontrollieren, ob das Ergebnis verwackelt würde bzw. wie weit sich die Schärfe bei der jeweiligen Blende und Brennweite ausdehnt. Die praktische „Vorschau" funktioniert in der Programm-, Zeit- und Blendenautomatik, sogar im „iA"-Modus sowie bei den Szene- und Kreativprogrammen. Im manuellen Belichtungsmodus (M) nur, wenn Sie die „Konstante Vorschau" deaktiviert haben.

steht bei Blendenautomatik nicht zur Verfügung). Gerät die Steuerung dabei an das untere (Verwacklungsgefahr) oder obere (Überbelichtung) Ende des verfügbaren Blendenbereichs, erscheint die Schrift wieder in roter Warnfarbe.

Bei zu wenig Licht helfen nur noch der Bildstabilisator O.I.S., ein Stativ oder das Gegensteuern via höherer ISO-Einstellung.

Auch für solche Aufnahmen eignet sich die Blendenautomatik. Hier wurde fast 15 Sekunden lang belichtet. Ein Stativ ist Pflicht!

PRAXIS

Manuelle Belichtung (M)

Wer sich ganz und gar selbst um die Einstellung der richtigen Zeit-/Blendenkombination kümmern möchte, stellt das Modusrad am besten auf „M" und startet damit den manuellen Belichtungsmodus. Nun können Sie wahlweise mit fester Empfindlichkeit oder der **ISO-Automatik** (ohne „i.ISO") arbeiten. Letzteres ist bequemer, weil die Kamera dann drohende Fehlbelichtungen so weit wie möglich über die ISO-Empfindlichkeit zu kompensieren versucht.

Während der manuellen Belichtung verstellen Sie mit dem **Steuerring** den Blendenwert und mit dem **Einstellrad** die Verschlusszeit). Der jeweils ausgewählte Wert verfärbt sich gelb. Um zu kontrollieren, ob Sie die ideale Zeit-/Blendenkombination gefunden haben, achten Sie auf die Skalen des **Belichtungsmessers** (grauer oder roter Bereich, siehe Screenshots), den Sie zuvor im Individual-Menü / Monitor/Display zuschalten müssen.

Tipp: Wenn Sie mit manueller ISO-Einstellung arbeiten, dann steht Ihnen zusätzlich kleine weiße **Lichtwaage** unten im Sucher oder auf dem Monitor: Steht der Pegel in der Mitte (also auf 0), dann sitzt die Belichtung, und Sie können auslösen. Die Waage, die Sie in anderen Belichtungsmodi für die Belichtungskorrektur benötigen, zeigt Ihnen auf einer Skala von -3 bis +3 Lichtwerten (oder „EV" = Exposure Value) die Abweichung von der **Idealbelichtung** in Drittelstufen an.

Mit „Idealbelichtung" ist hier der vom Belichtungsmesser der TZ ermittelte Wert gemeint, also jene Grundbelichtung, für die sich die Kamera im Automatikbetrieb entscheiden würde. Erreicht die Anzeige das Ende der Skala, weicht die von Ihnen eingestellte Belichtung also um mehr als +/-3 Lichtwerte von der Idealbelichtung ab, färben sich die Blenden-/und Zeitbalken rot. Ändern Sie nun die Drehrichtung am Einstellrad, dann wandert der Index wieder zurück in Richtung +/-0, die Anzeige auf dem Belichtungsmesser wird grau.

Doch nicht immer entspricht der Idealwert auch Ihrer Wunschbelichtung. Während der manuellen Nachführmessung lassen sich auch sehr einfach **bewusste Unter- oder Überbelichtungen** erzielen – ideal für kritische Motive (z. B. starkes Gegenlicht oder heftige Kontraste). Und natürlich für besondere Ausdrucksweisen beim Malen mit Licht, abseits ausgetretener Vollautomatikpfade.

PRAXIS

Solche Situationen beherrschen Sie gut mit der händischen Einstellung von Zeit und Blende und Sichtkontrolle auf dem Monitor: manuelle Belichtung mit Blende f/5,6 und 0,25 s bei ISO 200. Foto: Frank Späth

Der „M"-Betrieb der Lumix TZ202 bietet als einzige Belichtungsbetriebsart eine **weitere Belichtungszeit**: Er schaltet am Ende des langen Verschlusszeitenbereichs (nach der 60-Sekunden-Position) den **T-Modus („Time")**, also die **Dauerbelichtung**, frei. Sie ist nur hier verfügbar und hält den Verschluss so lange offen, bis Sie erneut auf den Auslöser drücken – aber maximal **120 Sekunden**. Übrigens: In der Bedienungsanleitung zur TZ202 steht, die Dauerbelichtung funktioniere „solange die Auslösetaste vollständig gedrückt gehalten wird" – das müssen Sie erfreulicherweise nicht. Es reicht, den Auslöser zum Start der Dauerbelichtung einmal (sanft) durchzudrücken oder (noch besser) die Belichtung mit dem **Selbstauslöser** (untere Richtungstaste) zu starten.

Im T-Betrieb ist natürlich der Einsatz eines **Stativs**, am besten in Kombination mit der Fernsteuerung via Lumix-App, unumgänglich. Ist während der T-Belichtung die ISO-Automatik aktiviert, schaltet die TZ den ISO-Wert auf 125 oder geringer, um das Rauschen so niedrig wie möglich zu halten.

PRAXIS

Belichtungskorrektur: Gezielt eingreifen

Egal, wie zuverlässig die Belichtungsmessung unseres Reisezoomers auch arbeitet – es gibt immer wieder Situationen, in denen Sie sich das Ergebnis heller oder dunkler wünschen. Sei es, weil die Messung das Motiv nicht richtig analysiert hat oder weil Ihnen eine abweichende Belichtung einfach besser gefällt. Vor allem dann, wenn dunkle Gegenstände einen großen Bildraum einnehmen, arbeitet die standardmäßig eingestellte Mehrfeldmessung nicht selten zu hell, wie wir schon gezeigt haben: Hellere Gegenstände im Hintergrund (Himmel, Häuserfassade ...) kommen im Bild überbelichtet daher. In solchen Situationen steuern Sie auf Sicht mit einer gezielten Minus-Korrektur dagegen.

Um die Belichtungskorrektur aufzurufen, drücken Sie einmal auf die obere Taste des Vierrichtungswählers oder wählen Sie im Schnell-Menü den Punkt „Belichtungsausgleich". Sie können die Korrektur auch übers Schnell-Menü (Screenshot) abrufen oder auf eine Fn-Taste legen .

Auf dem Display erscheint nun über der kleinen eine weitere **Lichtwaage** mit Balkenanzeige (Screenshot unten). Geben Sie nun mit dem Einstellrad, den Richtungstasten oder direkt auf dem Touchscreen den gewünschten Korrekturwert ein.

Die TZ202 bietet Korrekturmöglichkeiten zwischen -5 und +5 Lichtwerten (bei 4K-Foto und Post-Fokus nur +/-3 Lichtwerte). Praktisch: Die Auswirkung der Korrektur können Sie **live auf dem Display beobachten**, ohne den Auslöser andrücken oder das Bild belichten zu müssen.

Hinweis: Im „M"-Modus ist die Belichtungskorrektur nicht verfügbar, dafür aber bei „iA+".

Dieses mit der Mehrfeldmessung in der Programmautomatik gemachte Bild wurde mit der Belichtungskorrektur um +1,3 EV nach oben korrigiert, um das helle Licht der Fackeln zu kompensieren, die ohne Korrektur zu einer Unterbelichtung des Gesichts geführt hätten. Blende f/3,5; 1/100 s; ISO 200. Foto: Frank Späth

PRAXIS

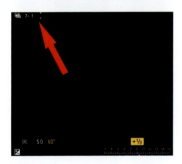

Belichtungsreihen: Auf Nummer Sicher

Ein weiteres Mittel, schwierige Beleuchtungsverhältnisse in den Griff zu bekommen, ist die **automatische Belichtungsreihe**, auch **„Bracketing"** genannt. Belichtungsreihen sind eine **Mischung aus Serienbild und Belichtungskorrektur** und stehen in allen Betriebsarten außer bei „M" zur Verfügung. „Bracketing" ist englisch und bedeutet grob übersetzt so etwas wie „einklammern" („bracket" = Klammer). Und tatsächlich kommt diese Taktik einem schrittweisen Eingrenzen der exakten Belichtung gleich. Mit Hilfe von Belichtungsreihen gehen Sie in lichttechnisch komplizierten Situationen nach dem Prinzip der Annäherung vor und suchen sich einfach später die am besten belichteten Bilder aus. Die Belichtungsreihe ist also immer dann angesagt, wenn Sie nicht ganz sicher gehen können, dass die Belichtung schon beim ersten Bild sitzt.

Programmieren Sie zunächst das Bracketing auf der letzten Seite des Aufnahme-Menüs („Mehr Einst.") oder alternativ nach mehrfachem Drücken der **Plus-/Minus-Taste** (Pfeil im Screenshot).

Wählen Sie in der unteren Zeile den Serienbildmodus, dann liegt zwischen den einzelnen Aufnahmen der Reihe nur eine kurze Zeit. Unter „Schritt" stellen Sie zunächst die Zahl der Aufnahmen pro Reihe und deren Spreizung ein. Die TZ bietet folgende Optionen: 3-1/3; 3-2/3; 3-1/1; 5-1/3; 5-2/3, 5-1/1; 7-1/3, 7-2/3 und 7-1/1. Das heißt, Sie können wahlweise 3, 5 oder 7 Aufnahmen pro Reihe belichten und diese jeweils in einer Spreizung von 1/3, 2/3 oder ganzen Lichtwerten (EV). „Spreizung" bedeutet: Die Kamera variiert die Belichtung graduell von Bild zu Bild, und zwar um den Lichtwertfaktor 1/3, 2/3 oder 1.
Üblicherweise belichtet die Lumix bei einer 3er-Reihe die erste Aufnahme mit den gemessenen Standardwerten („0"), die zweite mit einer Minus- und die dritte mit einer entsprechenden Plus-Korrektur.
Unter **„Sequenz"** können Sie die Reihenfolge ändern, dann beginnt die Reihe im Minus- und endet im Plus-Bereich – siehe unsere Bilder auf der rechten Seite.
Hinweis: Das Bracketing bleibt so lange aktiv, bis Sie es im Aufnahme-Menü oder mit über die Plus-/Minus-Taste wieder abschalten („OFF")!

PRAXIS

Szeneprogramme und ihr Nutzwert

Wenn Ihnen die Ausführungen zu den Themen Belichtungsmessung und vor allem Belichtungssteuerung eben an manchen Stellen zu kompliziert waren oder Sie sich einfach nur auf die Motivgestaltung konzentrieren möchten und auch nicht vorhaben, Ihre Fotos nachzubearbeiten, dann können Sie auf ein ganzes Arsenal an Szeneprogrammen zurückgreifen. Sie finden die Helferlein auf dem Modusrad unter „SCN". Die Lumix TZ202 bietet **24 verschiedene Varianten** an, die Sie mit dem Einstellrad, den Tasten des Vierrichtungswählers oder direkt auf dem Touchscreen auswählen können.

Der Szene-Modus beinhaltet ein ganzes Füllhorn an sogenannten **Motivprogrammen**. Das sind auf spezielle Situationen maßgeschneiderte Belichtungsprogramme, die die komplette Arbeit für Sie übernehmen und dafür sorgen, dass alle Einstellungen beim Fotografieren und alle kamerainternen Bildbearbeitungsschritte auf die jeweilige Situation abgestimmt sind.

Nicht nur als fotografischer Anfänger können Sie vom Szeneprogramm-Angebot Ihrer Lumix Gebrauch machen. Auch fortgeschrittenere Fotografen schätzen inzwischen die zu analogen Zeiten häufig als Spielerei verschrieenen Motivprogramme. Denn im digitalen Zeitalter, in dem die automatische kamerainterne Bildbearbeitung eine wesentliche Rolle für die Qualität der Ergebnisse spielt, bringen die aufs Motiv zugeschnittenen Programme oft bessere Ergebnisse als ein einfacher Belichtungsmodus. Wir wollen nun die interessantesten Szeneprogramme gemeinsam mit Ihnen durchgehen und auch jeweils deren individuellen Nutzen diskutieren. Sie werden sehen, wie „clever" die Lumix bei so manchem häufig wiederkehrendem Motiv vorgeht – ohne, dass Sie davon etwas merken!

Tipp: Um das Szeneprogramm zu wechseln, drücken Sie auf die **„MENU/SET"-Taste** und navigieren zu „SCN"-Reiter ganz links oben. Klicken Sie nun auf „Szenen-Wechsel" und suchen Sie das gewünschte Programm aus. Mit der **„DISP"-Taste** können Sie zwischen einem Auswahl-Rondell (Screenshot links), Erklärungstexten zu den einzelnen Szenen oder einer Thumbnail-Übersicht (Screenshot oben links) wechseln.

PRAXIS

Freigestelltes Portrait (Nutzwert: hoch)

Eines der wichtigsten Motivprogramme. Hier versucht die Kamera mit einer weit geöffneten Blende die Person vom Hintergrund zu trennen. Das können Sie unterstützen, indem Sie ein wenig in Richtung Tele zoomen. Zugleich findet eine Optimierung der Hauttöne statt. Die Gesichts- und Augenerkennung sind aktiv.

Seidige Haut (Nutzwert: mittel)

Basiert auf dem Portrait-Programm. Zusätzlich zur großen Blende wird das Bild während der Verarbeitung leicht weichgezeichnet und aufgehellt. Das kaschiert Hautunreinheiten und sorgt für eine schmeichelhaftere Wiedergabe von Gesichtern.

Gegenlicht weich / hart (Nutzwert: mittel)

Auch diese beiden Szene-Helfer basieren auf dem Portrait-Programm. Wobei die TZ202 das Bild leicht überbelichtet, um einen freundlicheren Hintergrund zu erreichen. Bei „Gegenlicht hart" reagiert die Lumix ebenfalls auf Gegenlicht. Das erledigt sie aber durch das Zuschalten des Blitzes. Dazu den Gehäuseblitz bitte ausklappen.

Weicher Farbton (Nutzwert: mittel)

Ebenfalls zum Fotografieren von Menschen gedacht, sorgt dieses Programm durch die Reduktion von blauen Lichtanteilen für einen angenehm warmen Farbton im Bild.

Kindergesicht (Nutzwert: gering)

Ähnlich wie „Freigestelltes Portrait". Mit zusätzlicher Aufhellung der Hauttöne. Der Blitz arbeitet (wenn ausgeklappt) mit Vorblitz zur Reduzierung roter Augen, die Gesichtserkennung ist ebenfalls aktiv.

PRAXIS

Landschaft (Nutzwert: hoch)

Neben „Portrait" einer der Szeneprogramm-Klassiker schlechthin. An unserem Bild rechts können Sie erkennen, was das „Landschaft"-Programm bewirkt: Es erhöht vor allem die Sättigung der für Landschaften typischen Farben Grün und Blau. Das macht die Aufnahme etwas „knackiger". Zudem stellt die Lumix schneller auf weitere Distanzen scharf (ab ca. 5 Meter) und deaktiviert den Blitz, der bei einer Landschaft aber durchaus Sinn machen kann, etwa wenn man einen Vordergrund (z. B. die Zweige eines Baums) aufhellen will.

Heller blauer Himmel (Nutzwert: gering)

Ähnlich wie das Landschaftsprogramm, aber mit einer leichten Pluskorrektur der Belichtung. Das soll den Himmel etwas freundlicher aussehen lassen, ist aber eher verzichtbar, weil dadurch die Farbsättigung leidet.

Sonnenuntergang romantisch / dramatisch (Nutzwert: hoch)

Deutlich mehr Sinn machen diese beiden Helfer, die nicht nur beim Fotografieren von Sonnenuntergängen hilfreich sind. Häufig müssen Sie beispielsweise eine schöne Stadtansicht bei heller Mittagssonne ablichten und können nicht am Abend (wenn das Licht wesentlich fotogener ist) wiederkommen. Jetzt schlägt die Stunde von „Sonnenuntergang". Dieser Helfer zaubert eine herr-

TIPP

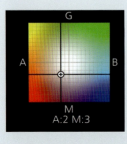

Einiges an Eingriffen möglich

Im Szene-Betrieb können Sie zwar grundsätzlich weniger einstellen als im P/A/S/M-Modus. Dennoch haben Sie bei den meisten Programmen Zugriff auf den AF-Modus, die Farben und die Belichtungskorrektur. Sogar die 4K-Foto-Funktion oder das Bracketing sind für viele der Szeneprogramme abrufbar! Für die Farben drücken Sie die WB-Taste auf dem Vierrichtungswähler und wählen im Farbdiagramm (siehe Screenshot) den gewünschten Ton aus. Zur Belichtungskorrektur drücken Sie wie gewohnt auf die obere Richtungstaste. Arbeiten Sie im RAW-Format, dann wird die jeweilige Szene mit der RAW-Datei vermerkt und lässt sich in der Silkypix-Software auch mit dem Effekt öffnen.

Das Szeneprogramm „Landschaft" verstärkt vor allem Blau- und Grüntöne. So lässt sich selbst im Herbst und Winter ein wenig Farbe in die Natur zaubern. Foto: Frank Späth

PRAXIS

Mit den „Sonnenuntergang"-Filtern verstärken Sie den Effekt malerischer Morgen- oder Abendszenen oder bringen warmes Licht in triste Mittagsmotive, wie in unserem Beispiel. Foto: Frank Späth

lich warme Lichtstimmung und eignet sich übrigens auch für Portraits. Motto: Immer einsetzen, wenn Ihnen das Umgebungslicht zu hart und kalt vorkommt! „Romantisch" verstärkt die Violett-Töne, „Dramatisch" sorgt für kräftiges Rot und lässt damit den Abendhimmel noch imposanter erscheinen.

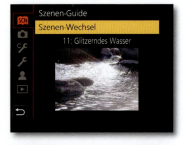

Glitzerndes Wasser (Nutzwert: mittel)

Hier werden Wasserflächen leicht aufgehellt und Blautöne verstärkt. Zudem setzt die Lumix einen Sternfilter-Effekt (auch zu finden unter „Neonlichter") ein. Er wirkt übrigens generell bei hellen Flächen, nicht nur bei Wasser.

Nachtaufnahme-Programme (Nutzwert: mittel)

Gleich sieben Szeneprogramme beschäftigen sich mit dem Fotografieren bei Nacht, wir fassen die ersten fünf zusammen. Grundsätzlich gilt für alle: Verwenden Sie ein Stativ, da hier zum Teil sehr lange Belichtungszeiten vorkommen, die auch der Bildstabilisator nicht mehr ausgleichen kann. Wie ihre Namen schon andeuten, variieren „Klare Nachtaufnahme", „Kühler Nachthimmel" und „Warme Nachtlandschaft" vor allem den Farbton bei Langzeitbelichtungen und setzen den ISO-Wert nach oben. „Nachtlandschaft verfremdet" hingegen fixiert die Empfindlichkeit bei ISO 125 und belichtet bis zu 30 Sekunden lang. Das ergibt Bilder mit interessanten Effekten, beispielsweise den langgezogenen Scheinwerferspuren von Autos in der Nacht. „Neonlichter" schließlich setzt wieder auf den einen Sternfilter-Effekt.

PRAXIS

Hand-Nachtaufnahme (Nutzwert: hoch)

Dieses findige Szeneprogramm (das auch im „iA"-Modus aktiviert werden kann) versucht, durch eine Serie von Bildern in kürzester Zeit Verwacklungen zu verhindern, die durch lange Verschlusszeiten bei wenig Licht entstehen. Aus der Serie sucht sich der Bildprozessor anschließend die am wenigsten verwackelten und verrauschten Bilder heraus und kombiniert sie zu einer Aufnahme. Das funktioniert recht gut, kann aber bei langen Zeiten die Auswirkungen der Kamerabewegung nicht gänzlich eliminieren. Zudem kostet die Bildmontage minimal Weitwinkel, bedenken Sie dies bei der Gestaltung und lassen Sie etwas mehr Raum an den Rändern. Nutzen Sie dieses Szeneprogramm für Dämmerungs- und Nachtaufnahmen, bei denen Sie kein Stativ dabei haben und die Kamera nicht auf einem stabilen Untergrund aufsetzen können. Für technisch perfekte Nachtbilder ist jedoch ein Stativ in Kombination mit einem niedrigen ISO-Wert die bessere – wenn auch weniger komfortable – Lösung.

Nachtportrait (Nutzwert: hoch)

Nicht selten kommt es vor, dass Sie eine Person bei wenig Licht portraitieren möchten. Im Normalfall blitzt die Kamera in solchen Situationen mit dem Aufhellblitz. Ergebnis: Ein heller, womöglich leichenblasser Mensch vor einem nachtschwarzen Hintergrund. Nicht so bei diesem Szeneprogramm! Denn beim „Nachtportrait" blitzt die Lumix mit einer automatisch verlängerten Belichtungszeit (und mit Vorblitzen sowie digitaler Rote-Augen-Korrektur). So kommt genügend Licht aus dem Hintergrund zur Geltung, das Foto wirkt harmonisch und weist keine allzu hohen Kontraste auf. Die Lumix verlängert gegebenenfalls die Belichtungszeit auf bis zu 1 Sekunde – auch in diesem Fall sollte also ein Stativ zum Einsatz kommen. Nach der Aufnahme läuft die automatische Rauschreduzierung ab, sofern im Aufnahme-Menü aktiviert.

Weiches Bild einer Blume (Nutzwert: mittel)

Für die einen ist es Kitsch, für die anderen das schönste Szeneprogramm der Lumix. „Weiches Bild einer Blume" legt einen romantischen Weichzeichner ums Motiv und schaltet den Makro-Modus zu. Die Rechenzeit ist minimal länger, der ISO-Wert kann hoch ausfallen – aber gerade Blüten und Blumen kommen damit wirklich sehr duftig.

Speisen / Dessert (Nutzwert: mittel)

Wer leckeres Essen knackig und frisch fotografieren will, der kann diese beiden Szenehelfer zuschalten. Die Lumix fokussiert nun inklusive Makro-Modus, also ab 3 cm (bei Weitwinkelstellung des Objektivs). Zudem wird das Bild leicht aufgehellt, damit das Essen nicht grau wirkt. „Speisen" bringt nicht bei jedem Versuch ein sichtbar besseres Ergebnis – ausprobieren sollten Sie das Programm dennoch, wenn Sie ein leckeres Mahl ohne großen Aufwand dokumentieren wollen.

Bewegung einfrieren (Nutzwert: hoch)

Ein hilfreiches Szeneprogramm, das dank automatisch aktiver AF-Verfolgung auch in der Lage ist, sich an ein moderat bewegtes Objekt zu heften. Dazu einfach die weiße AF-Markierung mit dem Objekt in Übereinstimmung bringen und den Auslöser kurz andrücken. Die Lumix arbeitet bevorzugt mit kurzen Verschlusszeiten und aktiviert „i.ISO", die bei erkannter Bewegung im Motiv automatisch die Empfindlichkeit erhöht.

Sportfoto (Nutzwert: hoch)

Ebenfalls mit der „intelligenten ISO-Empfindlichkeit und bevorzugt kurzen Belichtungszeiten geht das Szeneprogramm „Sportfoto" zu Werke. Also ein guter Begleiter für Schnappschüsse und Action-Aufnahmen. Tipp: Nutzen Sie die „Bewegung einfrieren" oder „Sportfoto", wenn Sie schnelle Motive fotografieren und nichts selbst einstellen wollen/können.

Monochrom (Nutzwert: gering)

Das 24. und letzte Szeneprogramm produziert ein schwarzweißes JPEG. Da Sie aber ohne großen Aufwand aus RAW- (und auch aus JPEG-) Bildern nachträglich am Computer perfekte Monochrom-Motive erzeugen können und da die Lumix unter den Kreativmodi (die wir gleich im Anschluss besprechen werden) alleine vier Schwarzweiß-Tools bietet, können Sie auf das Monochrom-Szeneprogramm verzichten.

TIPP
Gönnen Sie sich einen zweiten Akku

Wenn Sie eine längere Reise antreten oder ausgiebig fotografieren, sollten Sie sich einen zweiten Akku zulegen. Auch wer viel filmt und/oder 4K-Foto und Post-Fokus einsetzt, tut gut daran, sich frühzeitig mit einer weiteren Energiezelle auszurüsten. Auch der WiFi-Betrieb, beispielsweise die Fernsteuerung der Kamera via Smartphone-App oder das Übertragen der Bilder aufs Handy, kostet spürbar Strom.

In der TZ202 kommt der weit verbreitete Panasonic-Akku DMW-BLG10E mit 1025 mAh Kapazität zum Einsatz. Wer eine Lumix TZ101, GX7, GF6 oder LX100 besitzt, kann deren Akkus also auch in der TZ202 einsetzen. Ein Ersatz-Akku von Panasonic kostet im Handel ca. 50 Euro. Eine Investition, die sich für ambitionierte Nutzer durchaus lohnt. Für rund die Hälfte und weniger finden sich Fremdakkus (auch von renommierten Herstellern wie beispielsweise Ansmann), die in der Regel in der TZ funktionieren. Sie haben aber meist nicht die Reichweite des Originals – zudem ist uns bei manchen billigeren Fremdzellen immer wieder aufgefallen, dass die Restkapazität sehr abrupt abfällt, im Ernstfall also wenig Vorwarnzeit für einen Akkuwechsel bleibt.

Geladen wird der Akku innerhalb der Kamera, über die USB-Schnittstelle auf der rechten Kameraseite. Das ist unterwegs recht praktisch (und kann auch mit mobilen Akkupacks – siehe Foto unten – erfolgen), hat aber den Nachteil, dass die Kamera während des Ladevorgangs nicht benutzbar ist. Abhilfe schafft hier der Kauf eines externen Ladegeräts wie dem Panasonic DE-A98, in dem Sie den zweiten Akku laden und dabei mit der Kamera weiterarbeiten können.

PRAXIS

MOTIV-WORKSHOP

Tiere vor der Kamera: Ein bisschen Spaß muss sein!

Ob Haus- oder Wildtier: Für Schnappschüsse der uns umgebenden Fauna brauchen Sie vor allen Dingen eines: Geduld. Oder Glück. Oder eine Kamera-Fernauslösung, beispielsweise in Form der Lumix-App, wenn es um scheuere Tiere geht. Auch der 720-mm-Telebereich (dank i.Zoom) der TZ202 sind bei der Tierfotografie ein Segen.

Unsere beiden Fotos sind jeweils aus einer tiefen Perspektive entstanden. Der Mops wurde mit ca. 90 mm Brennweite aufgenommen, der Fotograf musste dazu tief in die Knie gehen. Die Stadttaube in Lissabon haben wir mit der Lumix Image App per Fernauslöser fotografiert. Die TZ202 stand im Park neben dem Vogelfutter und wir lösten aus ca. fünf Metern Entfernung immer dann aus, wenn die Tauben pickten. Da zusätzlich der Blitz ausgeklappt und im Aufhellbetrieb war, erhält die tiefe Perspektive eine zusätzliche Dynamik – die Tauben schreckte das kleine Blitzlicht nicht allzu sehr auf.

Generell sind bei Tieren auch Serienbilder hilfreich. Konzentrieren Sie sich gerade in Schnappschuss-Situationen ausschließlich aufs Motiv. Die Programmautomatik und ISO Auto reichen völlig aus und lenken Sie nicht ab. Und: Schauen Sie nicht nach jedem Auslösen zwanghaft auf das Display, denn in genau diesem Moment verpassen Sie garantiert die nächste schnappschusswürdige Szene. Kontrollieren und selektieren Sie die Bilder später in aller Ruhe – am besten am großen Computer-Monitor.

Fotos: Frank Späth

PRAXIS

Bildstil: Mehr als nur Spielerei

Auf der ersten Seite des Aufnahme-Menüs finden Sie den Eintrag „Bildstil" – damit legen Sie fest, wie die Fotos oder Filme grundsätzlich „aussehen" sollen. Sind Ihnen beispielsweise im Stil „Standard" die Farben ein wenig zu nüchtern oder die Kontraste zu schwach, dann stellen Sie hier einfach auf „Lebhaft" – und schon wird's bunter und knackiger.

Es gibt insgesamt **sieben vordefinierte Bildstile** für Standbilder und eine individuelle Position („Benutzerspezifisch"), in der Sie sich sozusagen Ihren eigenen Stil per Schieberegler zusammenbauen und abspeichern können. Keine Frage: „Bildstil" ist ein mächtiges Werkzeug, denn jeder Stil lässt sich (wie vorhin schon kurz angeschnitten) **in Sachen Farbe, Kontrast, Schärfe und Rauschunterdrückung feinsteuern** – sozusagen das Bildbearbeitungsprogramm vor der Aufnahme.

Grundsätzlich sollten Sie mit dem „**Standard**"-Stil arbeiten, denn hier versucht die Lumix, das Motiv möglichst neutral wiederzugeben. Manchmal möchte man aber ein wenig mehr „Knackigkeit", dann ist „**Lebhaft**" ein guter Tipp, denn hier zieht die TZ die Farbsättigung leicht hoch und erhöht die Kontraste. Nichts für Portraits (aber dafür gibt es ja den Stil „Portrait", der allerdings auch weitgehend mit den entsprechenden Szeneprogrammen erreicht wird). „**Natürlich**" gibt vergleichsweise kontrastreduziert und farbneutral wieder – gut für Motive mit starken Hell-/Dunkel-Unterschieden und fürs Videofilmen.

„**Monochrom**" und „**L.Monochrom**" erzeugen noch in der Kamera ein Schwarzweißbild (und lassen sich sogar mit **Farbfiltern** für eindrucksvolle SW-Bilder kombinieren) – siehe rechte Seite. Für den fotografischen Alltag kommen Sie eigentlich mit „Standard" und „Lebhaft" gut über die Runden. Die anderen Stile werden teilweise auch bei den diversen Szeneprogrammen simuliert. Bei wichtigen Bildern sollten Sie parallel im **RAW-Format** speichern. Denn das RAW enthält immer die Original-Bildinformationen – egal, welchen Stil Sie verwendet haben.

Übrigens lassen sich die meisten der Bildstile auch nachträglich auf die Fotos der TZ202 anwenden – in der **Silkypix-Software** (siehe Screenshot links). Allerdings nur, wenn die Datei im RAW-Format vorliegt.

Bei den „Monochrom"-Bildstilen können Sie ganz unten in der Auswahl Farbfiltereffekte aktivieren, die Kontraste verstärken oder abschwächen. Foto: Frank Späth

PRAXIS

Eine zu kräftige Scharfzeichnung (unten, zur Verdeutlichung am Computer noch etwas nachbearbeitet) in der Kamera kostet Qualität – vor allem, wenn Sie das Foto noch nachbearbeiten wollen. Hier kaschiert sie jedoch die weiche Wiedergabe ein wenig.

Viel wichtiger als die Effekte sind die eben schon angesprochenen **Steuerungsmöglichkeiten**. Klicken Sie dazu im „Bildstil"-Menü mit den Tasten des Vierrichtungswählers nach unten (**„Individualeinstellung"**). Nun können Sie per Schieberegler den Kontrast, die „Schärfe", die Farbsättigung und die Rauschminderung für das JPEG-Bildformat abschwächen oder verstärken.

Doch bevor Sie sich ans Einstellen machen, ein paar Anmerkungen zum Fototuning in der Kamera. Und eine **Warnung** vorab: Der Versuchung, Ihre Bilder standardmäßig bei Schärfe, Kontrast und Co. zu schönen, sollten Sie widerstehen, sofern Sie irgendwann einmal vorhaben, mit der Nachbearbeitung am Computer zu beginnen.

Gerade die Schärfe-Einstellung ist ein heikles Thema, denn sie wird von vielen Fotografen missverstanden. Hier wird nicht die Abbildungsleistung des Objektivs verbessert, sondern lediglich die kamerainterne **Scharfzeichnung** erhöht (oder verringert). Dadurch wirken die Bilder (vor allem für den Direktdruck) zwar knackiger, unterm Strich haben Sie aber mit der Schärfung auch ein wenig an Information eingebüßt, zudem eignen sich die Fotos bei einer Überschärfung kaum mehr für eine gezielte Optimierung am Computer.

Wer also nicht im RAW-Format fotografiert (wo kamerainterne Bildoptimierungen entfallen oder zumindest per Software rückgängig zu machen sind), der sollte sich genau überlegen, in welche Richtung er seine JPEGs noch in der Kamera manuell beeinflussen will. Sicherlich schadet einem flauen Nebelfoto ein wenig Plus an Kontrast und Schärfe nichts, wenn es ohne weitere Bearbeitung auf Fotopapier gedruckt werden soll. Umgekehrt kann eine feinfühlige Reduktion der Scharfzeichnung oder der Rauschminderung für wesentlich besser nachbearbeitbare JPEGs sorgen.

PRAXIS

Übrigens: Viele Fotoprofis stellen, wenn sie im JPEG speichern, grundsätzlich eine reduzierte Scharfzeichnung ein, um möglichst viel Spielraum für die spätere Optimierung zu haben. Auch wenn Sie alle Werte auf „0" setzen: Die JPEGs kommen stets leicht scharfgezeichnet auf die Karte. Das ist ideal für die schnelle und unkomplizierte Digitalfotografie. Wer gezielter Hand anlegen will, der sollte -3 oder -4 wählen und beispielsweise mit dem „Unscharf maskieren"-Filter in Photoshop oder speziellen Schärfungstools wie „Nik Sharpener" nachhelfen.

Auch die Beeinflussung des **Kontrastes** hat weitreichende Folgen für das fertige Bild. Die Gefahr dabei: Je höher der Kontrast, desto schneller fressen die Lichter aus und laufen die Schatten zu – das Bild wird zunehmend unbrauchbarer für die gezielte Nachbearbeitung. Gehen Sie also vor allem bei der Schärfe- und Kontrasterhöhung behutsam vor und seien Sie sich darüber im Klaren, dass diese Einstellungen **irreversibel** sind.

Wenn Sie die Möglichkeit haben, Ihre Bilder nachzubearbeiten, ist entweder eine sanfte Schärfe- und Kontrasteinstellung im JPEG mit späterer Anhebung am PC oder das Fotografieren im **RAW-Format die bessere Alternative**. Wer sich indes nicht mit Bildbearbeitung auseinandersetzen will oder sofort Prints von seinen Bildern machen lassen möchte, kann – abhängig vom Motiv – mit einer leichten Nachschärfung oder dem Anheben des Bildkontrastes ein wenig nachhelfen, vor allem wenn keine allzu großen Abzüge benötigt werden.

Ein Erhöhen des Kontrastes eignet sich gut für Fotos, die direkt von der Speicherkarte gedruckt werden sollen.

PRAXIS

Kreativmodus: Toben Sie sich aus!

Noch wesentlich tiefergehende Veränderungen an den Datensätzen erzielen Sie mit den „Kreativmodi", die Sie direkt auf dem Modusrad der TZ202 abrufen können. Sie haben die Wahl zwischen „Expressiv", „Retro", „Früher", „High Key", „Low Key", „Sepia", „Schwarzweiß", „Dynamisch Monochrom", „Grobes Schwarzweiß", „Weiches Schwarzweiß", „Impressiv", „Hohe Dynamik", „Cross-Prozess", „Spielzeugeffekt", „Toy Pop", „Bleach Bypass", „Miniatureffekt", „Weichzeichnung", „Fantasie", „Sternfilter", „Selektivfarbe" und „Sonnenschein".

TIPP

Schnell wechseln

Mit einem Trick können Sie schneller zwischen den verschiedenen Kreativfiltern oder auch Szeneprogrammen umschalten: Tippen Sie einfach auf das jeweilige Symbol ganz links oben auf dem Touchscreen (siehe Pfeil im Screenshot) und rufen Sie damit einen Auswahlbildschirm auf. Die Kreativfilter lassen sich zudem auch durch Drehen am Einstellrad schnell wechseln.

Viele dieser Modi lassen sich **sowohl auf Standbilder als auch auf Videos** anwenden, und einige werden sogar beim **RAW-Format** mitgespeichert. Wie ihr Name schon andeutet, eignen sich die Modi für Experimente oder Aufnahmen mit einem ganz besonderen Stil. Wer auf höchste Bildqualität Wert legt und die Daten womöglich gerne intensiv am Rechner nachbearbeitet, sollte von diesen Effekten Abstand nehmen. Wer hingegen das „Besondere" sucht, liegt bei einigen der Kreativ-Modi genau richtig.

Zu den interessantesten Effekten zählen unserer Ansicht nach **„Impressiv"** (rechte Seite) und **„Sonnenschein"** (bei dem Sie sogar die Farbe des einfallenden „Sonnenlichts" bestimmen können). Richtig witzig ist der **„Miniatureffekt"**, der eine Aufnahme mit ungewöhnlichem Schärfeverlauf erzeugt – ganz so, als hätten Sie eine Modelleisenbahn-Landschaft mit dem Makro aufgenommen. Dabei können Sie sogar auf dem Display festlegen, welcher Bereich des Bildes scharf sein soll, der Rest verschwimmt in duftiger Unschärfe. Drücken Sie dazu auf den Touchscreen und verschieben Sie den gelben Bereich mit den Richtungstasten oder dem Finger. Mit dem Einstellrad passen Sie dessen Breite an. Achten Sie darauf, dass Sie möglichst von schräg oben zum Motiv stehen, dann ist der Effekt am stärksten.

Genereller Tipp: Sie können nach Drücken der rechten Taste des Vierrichtungswählers die Stärke der Filter und häufig auch die Belichtung mit dem Einstellrad Ihren Vorlieben anpassen.

Beispiel für den Kreativfilter „Impressiv". Foto: Frank Späth

PRAXIS

Sepia

Bleach-Bypass

PRAXIS

Grobes Schwarzweiß

PRAXIS

Blitzlicht

Nach dem Dauerlicht wenden wir uns jetzt dem „künstlichen" Licht, dem Blitzen, zu. **Wichtig** vorab: Um mit der TZ202 zu blitzen, müssen Sie stets den Gehäuseblitz mit dem **Entriegelungsschalter** auf der Kamera-Rückseite (Bild) ausklappen. Von alleine klappt der Blitz nicht einmal im „iA"-Betrieb aus, und das ist auch so gewollt. Denn so können Sie den Blitz wie gewünscht programmieren und aktivieren das jeweilige Blitzprogramm einfach durch manuelles Ausklappen. Die Programmierung des Gehäuseblitzes nehmen Sie wahlweise im Aufnahme- oder Schnell-Menü (unterer Screenshot) unter „Blitzlicht-Modus" vor.

Denken Sie daran, dass die Blitzfunktionen bei manchen Einstellungen wie beispielsweise **HDR oder elektronischem Verschluss nicht erreichbar** sind, und dass auch in einigen Szeneprogrammen oder Kreativmodi die Blitzfeatures nur eingeschränkt oder gar nicht zur Verfügung stehen.

PRAXIS

Auto-Blitz (nur im iA-Betrieb)

Im „Auto-Blitz"-Betrieb entscheidet die TZ **selbstständig**, ob der Blitz zugeschaltet wird oder nicht. Nur das Ausklappen müssen Sie selbst erledigen. Diese Blitzbetriebsart gibt es aber nur in den iA- und iA+-Modi, wo auch keine weiteren Blitzeinstellungen möglich sind. Der automatische Blitzbetrieb ist eine gute Wahl für spontane Schnappschüsse ohne große Eingriffe und eignet sich für unerfahrene Fotografen, die nicht sicher sind, ob die Beleuchtungsverhältnisse noch eine halbwegs unverwackelte Aufnahme zulassen.

Dennoch **benötigen Sie diese „Automatik" nicht wirklich**, da Sie ja dafür sorgen müssen, dass der Blitz auch ausgeklappt wird. Außerdem sollten Sie als Fotograf selbst bestimmen, ob geblitzt wird oder nicht.

Die Blitzlicht-Modi

Aufhellblitz

Dieser Blitzlicht-Modus steht in allen Belichtungsprogrammen zur Verfügung und garantiert, dass die Lumix **immer** blitzt, sobald Sie den Blitz ausklappen und die Kamera nicht selbstständig entscheidet, ob die Blitzabgabe sinnvoll ist oder nicht. Aus diesem Grund nennt man diese Betriebsart auch „**forcierter Blitz**". Der forcierte Blitz gibt Ihnen die **Kontrolle** über das künstliche Licht und sollte bei weitem nicht nur zum Einsatz kommen, wenn es dunkel ist. Gerade bei starken Kontrasten und **Gegenlicht** ist er ein probates Mittel gegen Schatten und unterbelichtete Vordergründe. Auf diese Weise aufgehellte Vordergründe lassen das Motiv **plastischer und dreidimensionaler** wirken, siehe nächste Seite. Abgesehen von der Tatsache, dass Sie mit dem erzwungenen Blitzlicht die drohende Unterbelichtung abwehren.

Übrigens: Mit der TZ202 können Sie dank Zentralverschluss im Aufhellblitz-Betrieb bei Verschlusszeiten **bis zu 1/2000 s** blitzen – ideal beispielsweise für Aufheller bei Gegenlicht oder für das Blitzen mit offener Blende im Hellen.

PRAXIS

Aufhellblitz aus kurzer Distanz (großes Bild). Das Blitzlicht macht den Vordergrund plastischer, zudem sorgt der automatische Weißabgleich hier für wärmere Farben als beim ungeblitzten Motiv (kleines Bild). Fotos: Frank Späth

Blitz mit „Rote-Augen-Reduzierung"

Sicherlich ist Ihnen aufgefallen, dass die Blitzprogramme Langzeitsynchronisation und Aufhellblitz alternativ mit einem kleinen **Augensymbol** versehen sind. Das steht für die automatische Rote-Augen-Reduzierung. Der unbeliebte Rote-Augen-Effekt tritt meist dann auf, wenn eine Person bei wenig Licht frontal angeblitzt wurde. Je weniger Umgebungslicht herrscht und je näher das Blitzlicht der optischen Achse ist, desto stärker fällt die unschöne rote Reflexion in den Augen aus. Dagegen sollen kurze **Vorblitze** helfen, die dafür sorgen, dass die Pupillen der angeblitzten Person kleiner werden. In der Praxis hilft der Vorblitz nicht immer gegen die hässlichen Kaninchenaugen – eine Erfahrung, die wir seit Jahren mit fast allen Kameras und ihren kleinen Gehäuseblitzen dicht am Objektiv machen. Wesentlich effizienter ist es, wenn Sie für **mehr Helligkeit im Motiv** sorgen und beispielsweise die Deckenbeleuchtung einschalten, damit sich die Pupillen verkleinern. Zudem sollten Sie bedenken, dass ein Vorblitz stören kann, unbemerkte Schnappschüsse verhindert und die Auslösung verzögert. Zusätzlich zum Vorblitz können Sie im Aufnahme-Menü die **digitale Rote-Augen-Reduzierung** aktivieren (eine Zeile unter „Blitzlicht"), erkennbar am Augensymbol mit dem kleinen Pinsel im Blitz-Menü. Sie arbeitet mit der **Gesichtserkennung** zusammen und untersucht die Augen auf rote Pupillen. Anschließend wird der rote Fleck bei der kamerainternen Bildbearbeitung mehr oder minder effizient retuschiert.

Langzeitsynchronisation („Slow")

Jetzt kommen wir zu einer kreativen Blitzbetriebsart, der Synchronisation mit langen Verschlusszeiten, für die die TZ ein eigenes Programm besitzt. Blitz-Langzeitsynchronisation eignet sich bei Available-Light-Motiven zur **sanften Aufhellung**. Ein idealer Zeitpunkt für diese Synchronisation ist beispielsweise das romantische Abendessen beim Schein von Kerzen. Hier würde ein mit kurzer Verschlusszeit gezündeter Blitz schnell zum Stimmungstöter. Bei der Langzeitsynchronisation hingegen kommt dank Belichtungszeiten von bis zu einer Sekunde noch genügend Umgebungslicht mit ins Bild, und der Blitz sorgt lediglich für Kernschärfe und einen hellen Akzent im Vordergrund. Beim Langzeitblitzen aus der Hand ergeben sich oft interessant verschwommene Hintergründe mit einem knackscharfen aufgeblitzten Bereich davor. Wenn Sie ein Stativ einsetzen und den Blitz mit langen Verschlusszeiten kombinieren, dann können Sie feinziselierte Belichtungen erzielen, die durch ihre perfekte Ausgewogenheit von Blitz- und Umgebungslicht bestechen. Den Bildstabilisator können Sie bei solchen Aufnahmen abschalten.

„Slow" steht übrigens nur in der Programm- und Zeitautomatik (A) zur Verfügung. Dabei würde es gerade in der Blendenautomatik (S) und bei manueller Belichtung sehr viel Sinn machen – doch hier können Sie natürlich auch mit dem Aufhellblitz unter manueller Vorwahl einer langen Verschlusszeit arbeiten und sich so Ihre eigene Langzeitsynchronisation „basteln".

Bei hellem Umgebungslicht verweigert die Lumix das Blitzen mit langer Zeit, „Slow" lässt sich also sinnvoll nur bei wenig Licht einsetzen.

Blitz-Synchronisation 1ST oder 2ND

Diese Blitzbetriebsart hört sich ebenso exotisch wie kompliziert an – ist sie aber nicht. „2ND" bedeutet, dass die Blitzabgabe **am Ende des Verschlussablaufs** erfolgt und nicht – wie üblich – an dessen Anfang. Ein Beispiel zur Verdeutlichung: Nehmen wir an, Sie blitzen mit einer Verschlusszeit von 1/15 Sekunde. Im normalen Betrieb (also bei Synchronisation auf den ersten Verschlussvorhang) passiert folgendes, wenn Sie den Auslöser durchdrücken:

1. der Verschluss öffnet
2. die Blitzabgabe erfolgt
3. nach 1/15 s schließt der Verschluss

Stellen Sie die Blitzbetriebsart hingegen auf „2ND" (was sich früher „Synchronisation auf den zweiten Verschlussvorhang" nannte), dann sieht der Ablauf wie folgt aus:

1. der Verschluss öffnet
2. die 1/15 s Belichtung läuft ab
3. die Blitzabgabe erfolgt, und der Verschluss schließt

Was bringt das Ganze? Das können Sie ganz einfach ausprobieren: Fotografieren Sie im Dunkeln mit einer längeren Belichtungszeit (1/30 s oder mehr) ein an der Kamera vorbeifahrendes Auto. Blitzen Sie normal (also mit Blitzautomatik oder Aufhell-

PRAXIS

blitz), dann sieht das Bild unnatürlich aus: Das Auto scheint in sein eigenes Scheinwerferlicht hineinzufahren. Logisch, denn Sie haben ja zunächst geblitzt (= scharfes, „stehendes" Auto), dann erfolgt die Langzeitbelichtung (= langgezogene Lichtspuren). Erfolgt die Blitzabgabe beim selben Motiv hingegen am Ende der Belichtung, dann befinden sich die Scheinwerferspuren hinter dem Auto.

„Rear" hilft Ihnen also bei längeren Belichtungszeiten dabei, **bewegte Objekte natürlicher abzubilden**. Mit kürzer werdender Verschlusszeit verliert sich der Effekt mehr und mehr.

Blitzlicht korrigieren

Neben dem Dauerlicht lässt sich im Blitzbetrieb auch die Leistung des Blitzes manuell regeln – und zwar um **+/-2 EV in Drittelstufen**. Die Blitzkorrektur wird im „Blitzlicht"-Menü aktiviert.

Tipp: Wenn Sie sie häufiger benötigen, dann sollten Sie sie auf eine Fn-Taste legen (Screenshot links).

Da die kleinen Gehäuseblitze fast aller Digitalkameras manchmal zu einer recht kräftigen Betonung des Vordergrundes neigen, empfiehlt sich gerade bei stimmungsvollen Motiven (die womöglich mit Langzeitsynchronisation geblitzt werden) eine **manuelle Korrektur nach unten**.

Auch beim Aufhellblitzen kann ein Eingreifen des Fotografen ins Blitzgeschehen sinnvoll sein – hier nicht selten in den Plus-Bereich, um beispielsweise kräftig gegen eine helle Lichtquelle anzublitzen. Nutzen Sie die Blitzkorrektur auch für Portraits – Sie können die Wirkung im Bild ja sofort kontrollieren! Oder bei Aufnahmen, bei denen Sie im Nahbereich einen Akzent setzen wollen, aber verhindern müssen, dass das Blitzlicht zu dominant ist.

PRAXIS

Bildqualität

Qualitätsbestimmend: die „Bildgröße"

Für die technische Qualität Ihrer Fotos spielt die Bildgröße eine entscheidende Rolle. Wir haben sie im Handling-Kapitel bereits kurz vorgestellt. Sie ist für das JPEG-Format einstellbar und stellt drei Größen zur Auswahl: L(arge), M(edium) und S(mall) – und zwar für jedes Seitenverhältnis. So haben Sie insgesamt die Wahl aus **zwölf verschiedenen Bildgrößen** zwischen 20 Megapixel („L" bei 3:2) und 2 Megapixel („S" bei 16:9).

Bevor wir uns die Sache näher ansehen, ein paar Erklärungen. Die **„Bildgröße"** zählt zu den wichtigsten Themen der Digitalfotografie. Deshalb wollen wir die Gelegenheit nutzen, um ein häufig anzutreffendes **Missverständnis** aufzuklären: **Bildgröße hat nichts mit Auflösung zu tun!** Doch genau mit diesem Begriff wird sie oft gleichgesetzt. **Auflösung** meint nicht die Gesamtzahl der Pixel oder die Anzahl der Fotodioden in Höhe mal Breite auf dem Sensor, sondern: „Pixel pro Maßeinheit". In der digitalen Welt heißt die Maßeinheit „Inch" oder auf deutsch „Zoll" (1 Inch/Zoll = ca. 2,5 cm), und die Auflösung eines Fotos wird in „Pixel per Inch" (ppi) angegeben.

Für die Auflösung gilt: Je mehr Pixel pro Inch zur Verfügung stehen, desto detaillierter gibt das digitale Bild die Realität wieder.

Ein Bild mit einer Auflösung von 300 ppi enthält wesentlich mehr Detailreichtum als ein **gleich großes** mit 72 ppi.

PRAXIS

Starke Ausschnittvergrößerung aus dem PHOTOGRAPHIE-Testchart links. Oben 20 Megapixel Bildgröße (L). Der Ausschnitt misst 3,6 x 2,5 cm bei 300 ppi Auflösung. Unten der Ausschnitt aus dem 5-Megapixel-Bild (S): 1,9 x 1,2 cm bei 300 ppi. Die Bildgröße hat wesentlichen Einfluss auf die Qualität und Vergrößerungsfähigkeit der Fotos. Am besten also immer mit 20 Megapixel arbeiten und bei Platzmangel lieber die JPEG-Kompression erhöhen. Fotos: Frank Späth

PRAXIS

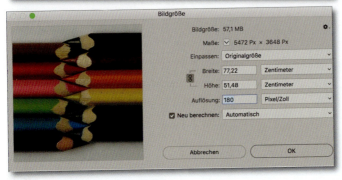

Der Grund: Die Pixel fallen beim 300 ppi-Bild deutlich kleiner aus, und je kleiner der einzelne Bildpunkt, desto weniger wird er für das Auge des Betrachters als solcher wahrnehmbar. Man kann sich das mit einem einfachen Vergleich ganz gut veranschaulichen: Große Pixel entsprechen groben Steinchen in einem Mosaik: Man sieht dem Bild dann schon aus einiger Entfernung an, dass es nichts anderes ist als eine Ansammlung vieler verschiedener Steine.

Also ist der Begriff „Auflösung", wie er landläufig verwendet wird, unzutreffend. 20 Millionen Pixel „Auflösung" soll heißen, dass ein mit dieser Kamera erzeugtes Bild effektiv bis zu 5472 Pixel breit und 3648 Pixel hoch ist, also rund 20 Millionen einzelne Bildpunkte enthalten kann. Über die Anzahl der Pixel pro Inch (ppi), also die Auflösung, sagt dies zunächst nichts aus.

Über die Auflösung müssen Sie sich beim Fotografieren keine Gedanken machen, denn die können Sie später im Bildbearbeitungsprogramm nach Ihren Wünschen festlegen (siehe Screenshots). Dort haben Sie nämlich die Wahl, was Sie mit Ihren 20 Millionen Punkten anstellen.

Drei Mal dasselbe Foto mit voller 20-Megapixel Bildgröße im 3:2-Format: oben mit „Bildschirmauflösung" von 72 ppi; in der Mitte hochaufgelöst in 300 ppi, unten, wie die TZ202 es speichert (180 ppi). Achten Sie auf die konstante Dateigröße („Bildgröße") und die variierenden Abmessungen („Breite x Höhe").

Wenn Sie sich im Bildbearbeitungsprogramm einmal Aufnahmen mit verschiedenen Auflösungen anschauen, werden Sie feststellen, dass ein Foto mit 300 ppi die Abmessungen 46 x 30 cm hat. Ändern Sie nun die Auflösung am Computer auf 72 ppi, so steigt die Ausgabegröße desselben Fotos auf rund 193 x 128 cm, also auf satte Postergröße mit geringerer Auflösung.

178

INFO

Größenvergleich

Der Bildsensor der TZ202 (dunkelblau) ist ein 1"-Zoll-Typ und hat die Abmessungen 13,2 x 8,8 mm sowie eine Diagonale von 15,8 mm sowie eine lichtempfindliche Fläche von 116 mm². Die einzelnen Pixel messen ca. 2,4 Mikrometer und sind damit doppelt so groß wie beim 1/2,3"-Sensor der meisten anderen Lumix-Kompaktkameras. Verglichen mit dem 4/3"-Sensor des Lumix G-Systems ist der Sensor der TZ202 mehr als halb so groß.

Der Unterschied zwischen 72 und 300 ppi ist gewaltig, sobald Sie die Bilder einmal im Vergleich ausdrucken. Während Ihr großes 72 ppi-Poster bei näherer Betrachtung in gröbste Pixel zerfällt, halten Sie beim kleineren 300 ppi-Druck absoluten Fotorealismus in Händen. Praktisch bedeutet das, dass Sie bei 300 ppi Auflösung auf mehr als DIN A3-Ausgabeformat kommen. Mit Hilfe eines modernen Tintendruckers erstellen Sie somit fotorealistische Drucke, die den Vergleich zur analogen Fotografie in keiner Weise scheuen müssen. Von der Auflösungs-Umrechnerei völlig unberührt bleibt übrigens die **„Dateigröße"**, das heißt der Speicherbedarf des Bildes. In unseren eben angeführten Beispielen betrug die Dateigröße beim entpackten JPEG konstant 57,1 Megabyte (abzulesen im Photoshop-Screenshot unter „Bildgröße"). Ein JPEG mit der S-Bildgröße hingegen weist nur noch eine Dateigröße von 3 oder weniger Megabyte auf, da es deutlich weniger Pixel auf dem Bildsensor nutzt. Über die Menge der Daten entscheidet eben nicht die Auflösung oder die Ausgabegröße, sondern die schiere Anzahl an Pixeln im Bild (also die Bildgröße).

Die TZ202 setzt die **Auflösung** übrigens standardmäßig auf **180 ppi**. Das würde unverändert einen Ausdruck von 77 x 51 cm ergeben – in immer noch brauchbarer Fotoqualität.

PRAXIS

AUSPROBIERT

Auflösung visualisiert

Da der Begriff „Auflösung" häufig mit der Bildgröße verwechselt wird, möchten wir auf dieser Doppelseite noch einmal an einem konkreten Beispiel Licht in die Sache bringen. Wie wir eben erklärt haben, können Sie für ein Bild unterschiedliche Auflösungen im Bildbearbeitungsprogramm wählen.

Bei unserem Beispiel gehen wir von der klassischen „Bildschirm-Auflösung" (72 pixel per inch – ppi) und der typischen Auflösung für hochwertige Prints aus dem heimischen Tintendrucker aus (300 ppi).

Um den Unterschied zwischen 72 ppi und 300 ppi Auflösung zu verdeutlichen, haben wir das Beispielbild rechts, aufgenommen mit der TZ202 im 3:2-Format mit 20 Megapixel Bildgröße und geringster JPEG-Kompression, im Bildbearbeitungsprogramm auf zwei verschiedene Auflösungen gerechnet, dabei aber die Ausgabegröße konstant gehalten. Der Ausschnitt oben zeigt die 300 ppi-Version, der untere die 72 ppi-Variante. Beide Ausschnitte sind ca. 6 x 8 cm groß. Doch die 72-ppi-Variante „wiegt" gerade mal 83 Kilobyte, während der 300-ppi-Ausschnitt über 850 Kilobyte an Speichermenge aufweist.

Beim direkten Vergleich der beiden Ausschnitte wird der Unterschied deutlich: das 72-ppi-Bild zeigt weniger Details als das mit der höheren Auflösung. Es enthält ja auch wesentlich weniger Bildpunkte, da sich bei ihm auf einem Inch nur 72 Pixel befinden, während bei der 300-ppi-Variante mehr als viermal so viele Punkte auf derselben Strecke vorhanden sind.

PRAXIS

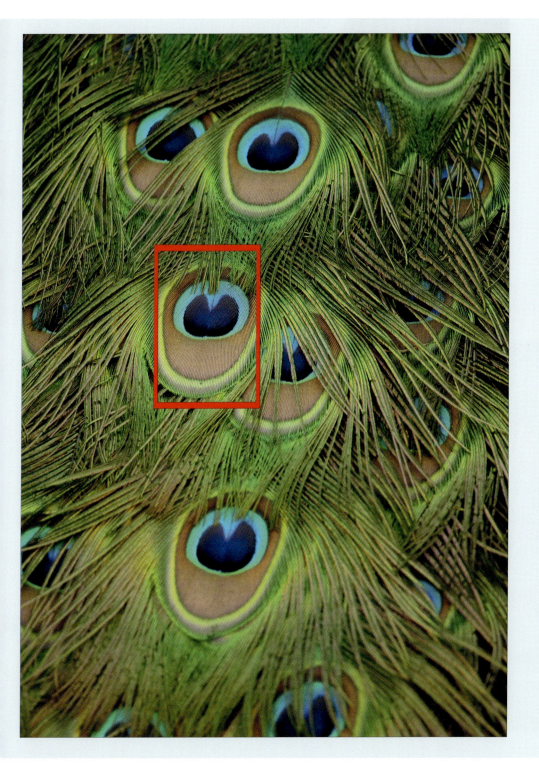

PRAXIS

JPEG: Zwei Qualitäten, kaum Unterschied

In unseren Ausführungen auf den letzten Seiten haben Sie einen guten Überblick über das Verhältnis von Bildgröße, Dateigröße und Bildqualität bekommen. Der Vergleich bezog sich dabei auf das JPEG, das Sie vermutlich als Standard bei Ihrer Lumix verwenden werden. Bevor wir uns dem alternativen Bildtyp (dem RAW) zuwenden, beschäftigen wir uns mit einem weiteren wichtigen Merkmal des JPEG-Formats – der **Kompression** (zu finden im Aufnahme- oder Schnell-Menü unter „Qualität").

Für jede einzelne Bildgröße kann sich der Fotograf zwischen zwei Kompressionsstufen entscheiden, das ergibt bei unserer TZ202 bis zu sechs verschiedene JPEG-Kombinationen (3 Bildgrößen x 2 Kompressionsstufen) und reicht für den fotografischen Alltag vollkommen aus. Doch wie verändert sich die Bildqualität bei einer Erhöhung der Kompression von „Fein" auf „Standard"? Schauen wir uns das mal im Detail an.

*Unser Testmotiv wurde mit 51 mm Brennweite; Blende f/4,5; 1/800 s und ISO 125 in beiden JPEG-Qualitäten der TZ202 fotografiert. Rechts sehen Sie starke Ausschnittvergrößerungen.
Fotos: Frank Späth*

PRAXIS

Oben „Fein", unten „Standard"-Qualität, also höhere Kompression. Das obere JPEG belegt 10 MB auf der Speicherkarte, das untere mit 5,1 MB nur rund die Hälfte. Und da die JPEG-Kompression der TZ202 sehr verlustfrei zu Werke geht, ist selbst bei dieser starken Vergrößerung kein Qualitätsabfall durch die stärkere Komprimierung zu beobachten. Sie können also bei Platzmangel die JPEG-Qualität auf „Standard" setzen, das kostet weniger Bildgüte als eine Reduktion der Bildgröße.

PRAXIS

RAW-Einstellung. Denken Sie daran, dass beim RAW-Format die Bildgröße nicht verändert werden kann. Sie fotografieren also stets mit 20 Megapixeln. Daher ist das „Bildgröße"-Menü ausgegraut.

INFO
RAW + JPEG parallel

Praktisch: Die TZ202 speichert auf Wunsch die Formate RAW und JPEG parallel auf die Karte. So haben Sie später die Wahl

zwischen dem „digitalen Negativ" und dem universellen JPEG. Zudem können Sie die Qualität des parallel gespeicherten JPEGs („Fein" oder „Standard") bestimmen.

RAW – Informationen direkt vom Sensor

Wenn es eine „professionelle" Alternative zum JPEG gibt, dann heißt sie RAW. „RAW" ist keine Abkürzung, sondern das englische Wort für „roh". Dieses Datenformat bietet den mit Abstand größten **Spielraum für Nachbearbeitungen am Computer ohne Qualitätsverlust**. Weil es direkt vom Sensor auf der Karte landet, nennt man das RAW auch „digitales Negativ".

Das RAW ist nicht ganz so unkompliziert im Handling wie das JPEG und belegt deutlich mehr Platz auf der Karte und später auf der Festplatte. Wie alle besser ausgestatteten Lumix-Kameras bietet auch die TZ202 eine kamerainterne RAW-Bearbeitung, die wir Ihnen im Handling-Kapitel bereits vorgestellt haben. Am Computer hingegen müssen RAWs mit spezialisierter Software geöffnet werden und sind längst nicht so universell einsetzbar wie das JPEG.

Dennoch bietet RAW gegenüber JPEG klare Vorteile. Im Gegensatz zu diesen werden RAWs unbearbeitet gespeichert und beispielsweise nicht in der Kamera in RGB-Daten umgerechnet. Auch steht beim RAW mehr Farbtiefe als beim JPEG zur Verfügung. Das macht feinere Farbkorrekturen möglich, denn je mehr Farbtiefe vorhanden ist, desto mehr Information liegt für nachträgliche (jeweils mit einem leichten Verlust an Bildinformation einhergehende) Korrekturen wie Weißabgleich oder Kontrast vor. RAW kann auch bei kritischen Motiven für mehr Zeichnung in den Schattenpartien sorgen, da es – ähnlich wie der analoge Negativfilm – einen höheren Spielraum für spätere Änderungen an den Belichtungseinstellungen mitbringt (z. B. durch Kompensation von Unterbelichtungen). Während des RAW-Speicherns unterbleiben darüber hinaus Aktionen wie Scharfzeichnung, Kontrastanpassung oder Weißabgleich. Solche Parameter werden lediglich als Korrektureinstellungen mit der RAW-Datei abgespeichert, aber nicht auf das Bild angewendet, so dass die Bearbeitung später am Computer mit der Software Silkypix Developer oder RAW-Spezialisten wie Adobe Camera RAW erledigt werden kann. Ein RAW **konserviert** sozusagen die **(theoretisch) maximal mögliche Qualität** der Aufnahmen, wie sie das Objektiv und der Bildsensor geliefert haben, deshalb können Sie auch beim **RAW die Bildgröße nicht verändern** und fotografieren stets mit allen 20 Millionen Pixeln.

Tipp: Wenn Sie das „Original" aufbewahren und die bearbeitete Datei als JPEG oder TIFF auf Ihrer Festplatte abspeichern, dann können Sie immer wieder aufs Neue Ihr digitales Negativ bearbeiten – zumindest so lange Sie eine Software wie Silkypix zur Verfügung haben, die die RAW-Daten der Lumix auslesen kann.

PRAXIS

Im RAW-Format steckt eine Menge Potenzial für die Nachbearbeitung. Beim oberen Bild (einem JPEG direkt aus der Kamera) ist das Umfeld des Hauptmotivs zu dunkel belichtet. Das parallel gespeicherte RAW wurde in Sachen Belichtung und Kontrast in Adobe Camera RAW leicht nachbearbeitet (unten) und liefert ohne großen Aufwand oder sichtbare Verluste das deutlich bessere Ergebnis. Fotos: Frank Späth

PRAXIS

MINI-WORKSHOP
RAW-Verarbeitung mit Silkypix Developer

Silkypix Developer Studio kann ab Version 4.4.14 die RAWs der TZ202 laden und öffnen. Panasonic liefert das Tool nicht mehr auf CD mit der Kamera aus, Sie können Silkypix aber laden unter: www.isl.co.jp/SILKYPIX/german/p/

Silkypix stellt den einfachsten und zudem kostenlosen Weg zur Bearbeitung der RAW-Daten dar. Auf den ersten Blick wirkt das Programm ein wenig unübersichtlich, doch mit ein paar Kniffen kommen Sie schnell zum Ziel und machen etwa aus einem kontrastreichen oder farblich nicht zufrieden stellenden Foto wie in unserem Beispiel auf diesen Seiten ein ansehnliches Bild. Öffnen Sie mit dem Befehl „Verzeichnis" zunächst die eingelegte Speicherkarte und wählen Sie aus der Thumbnail-Übersicht (unten) das zu bearbeitende .RW2-File aus. In der „Bearbeiten"-Palette können Sie per Schieberegler oder

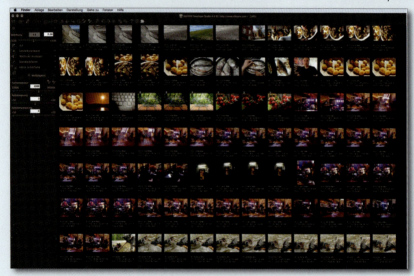

mit verschiedenen Presets Belichtung, Weißabgleich, Kontrast, Farbgebung, Scharfzeichnung usw. auf Sicht anpassen. Für einen sauberen Weißabgleich sollten Sie die Pipette verwenden. Nach der Bearbeitung klicken Sie auf „Entwicklung" in der oberen Leiste von Silkypix und speichern das Bild wahlweise im JPEG- oder TIFF-Format ab. Tipp: Um die volle Farbtiefe zu erhalten, wählen Sie TIFF.

Wenn Sie eine RAW-Datei geöffnet und bearbeitet haben, müssen Sie sie mit dem Befehl „Entwicklen" noch speichern. Als Speicherformate stehen JPEG und TIFF zur Verfügung.

PRAXIS

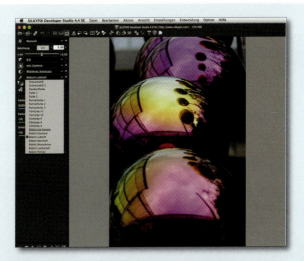

Ist das Bild geöffnet, haben Sie im Fenster links Zugriff auf verschiedene Bearbeitungs-Paletten. In unserem Beispiel wurde der Bildstil „Lebhaft" ausgewählt.

Dieses RAW, dessen Zentrum aufgrund des Schattens in der Halle stark unterbelichtet ist, bearbeiten wir nun mit dem Gradationswerkzeug („Ansicht" / „Gradationskurve") und hellen somit den Mittelpunkt auf, ohne dass die Lichter (Himmel) allzu stark ausfressen. Unter anderem für solche Motive bietet das RAW gegenüber dem JPEG in der Nachbearbeitung unschätzbare Vorteile.

PRAXIS

Oben das Original-JPEG aus der Kamera mit den extremen Kontrasten.
Unten haben wir nach der Gradationsanpassung im RAW noch ein wenig mit dem Bildstil gearbeitet

PRAXIS

Das Ergebnis nach ein paar Mausklicks. Die Farben stimmen noch nicht perfekt, aber in weniger als einer halben Minute waren dank RAW-Bearbeitung die extremen Kontraste korrigiert und das Bild deutlich besser reproduzierbar.

Sind Sie mit den Einstellungen zufrieden, müssen Sie das RAW noch in einem neuen Format abspeichern, damit es für andere Programme lesbar wird oder beispielsweise zu einem Print-Dienst geschickt werden kann. Die Speicher-Funktion finden Sie bei Silkypix unter „Entwicklung".

189

PRAXIS

Farbenspiele: Der Weißabgleich

Nach unserem Exkurs zum Thema Bildeinstellungen wenden wir uns jetzt der Farbe und damit der **rechten Taste des Vierrichtungswählers** zu. Sie ist mit einem wichtigen Feature belegt, auf das vor allem fortgeschrittene Fotografen gerne zurückgreifen: die Weißabgleich-Einstellungen (WB). Alternativ erreichen Sie die WB-Einstellungen auch über das Schnell-Menü (Screenshot links) – dort sind aber keine Feineinstellungen möglich, sondern es lassen sich nur die festen WB-Voreinstellungen abrufen.

Bevor wir näher auf die Möglichkeiten der Lumix TZ202 eingehen, ein paar Infos zum Thema Farben und Weißabgleich. Wo sich der Analogfotograf noch den Kopf über Tageslicht- oder Kunstlichtfilm, Konversionsfilter oder Spezialbeleuchtung zerbrechen musste, verlässt sich ein Digitalkamera-Besitzer einfach auf den **automatischen Weißabgleich** seiner Kamera – die Standardeinstellung der Lumix, denn die sorgt in den meisten Fällen für farbstichfreie Ergebnisse. Aber wie funktioniert das Ganze – und warum ist ein Weißabgleich überhaupt nötig?

Licht hat unterschiedliche Farbtemperaturen, die gemessen und in Kelvin-Einheiten angegeben werden. Niedrige Farbtemperaturen erzeugen einen rötlichen Eindruck, Temperaturen zwischen 5000 und 6000 Kelvin entsprechen dem, was wir allgemein als „Tageslicht" bezeichnen, noch höhere Werte deuten auf bläuliches Licht hin.

Beim automatischen Weißabgleich analysiert die Kamera-Elektronik die im Motiv vorherrschenden Lichtquellen, **versucht eine weiße (besser gesagt: neutralgraue) Stelle ausfindig zu machen** und passt daraufhin die Farbwiedergabe des Bildes so an, dass Weißes auch wirklich weiß bleibt – beziehungsweise Graues grau. Dennoch werden Sie in Situationen kommen, in denen der automatische Abgleich strauchelt oder nicht das farbliche Ergebnis erzielt, das Ihnen vorschwebt.

Das können Motive mit vielen verschiedenen Lichtquellen sein oder einfach Szenen, in denen die Kamera kein Referenz-Grau entdecken und somit auch keinen vernünftigen Weißabgleich durchführen kann. Oder Sie wollen gar nicht, dass die Elektronik für eine neutrale Farbwiedergabe sorgt – vielleicht, weil Sie ein

PRAXIS

Diese Ornamentwand wurde von Kunstlicht beleuchtet und der automatische Weißabgleich erzielt ein zu warmes, gelbstichiges Resultat (Bild oben). Da das Foto parallel im RAW-Format gespeichert wurde, war der korrekte Weißabgleich später mithilfe von Silkypix kein Problem (Bild unten). Man hätte den Weißabgleich auch vor Ort, beispielsweise mit einer Graukarte oder einem weißen Blatt Papier, eichen können. Fotos: Frank Späth

PRAXIS

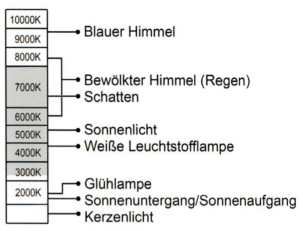

Verschiedene Lichtsituationen haben verschiedene Farbtemperaturen (gemessen in Kelvin). Die im Bereich der grauen Markierung liegenden Werte werden vom automatischen Weißabgleich erfasst und können ausgeglichen werden.

Portrait genau im warmen Farbton der Abendsonne speichern möchten und gar nicht an einer sachlich-korrekten Farb-Reproduktion der Szene interessiert sind.
Deshalb bietet die Lumix neben der standardmäßigen WB-Automatik ein ganzes Bündel an **manuellen Eingriffsmöglichkeiten** in die Steuerung der Bildfarbe.

Die Weißabgleich-Voreinstellungen

Bei den bereits vorprogrammierten Weißabgleich-Einstellungen reicht das Spektrum von „Tageslicht", über „Wolken" und „Schatten" bis hin zu „Glühlampen" und einem speziellen Weißabgleich für das Blitzlicht. Dazu kommt die neue zweite Automatik „**AWBc**", die vor allem rötliche Lichtfarben mehr neutralisiert als die „normale" Weißabgleich-Automatik „AWB" und so beispielsweise bei Dämmer- oder Kerzenlicht Gesichter neutraler wiedergibt (falls das gewünscht ist). Genügt das nicht, lässt sich die gewünschte Farbtemperatur auch von Hand einstellen: Wählen Sie dazu bei den Weißabgleich-Voreinstellungen die letzte (mit dem „K"-Symbol). Nun können Sie mit den Nord-/Südtasten des Vierrichtungswählers die gewünschte Farbtemperatur in Kelvin einstellen (Screenshot). Sie haben die Wahl aus mehr als 70 Schritten zwischen 2500 (warmrotes Kerzenlicht) und 10.000 Kelvin (kühler blauer Himmel). Auf dem Display sehen Sie direkt die Auswirkungen der Kelvin-Werte für die Bildfarbe. Denken Sie aber

PRAXIS

TIPP

Weißabgleich später in Silkypix setzen

Wenn Sie den Weißabgleich beim Fotografieren manuell einstellen und kontrollieren, sollten Sie bedenken, dass der Kameramonitor keine absolut verlässliche Wiedergabe der „wirklichen" Farben garantiert. Wer die Farbwiedergabe perfekt kontrollieren möchte, dem sei wieder einmal das Arbeiten im RAW-Format empfohlen. Denn damit verlagern Sie den Weißabgleich von der Kamera auf den Computer. Mit Silkypix Developer oder anderen RAW-Konvertern haben Sie viele Möglichkeiten des Finetunings und können sich noch Wochen und Monate nach der Aufnahme für den gewünschten Weißabgleich entscheiden – mit gewissen Qualitätsabstrichen auch im JPEG-Format. Öffnen Sie das RAW-File in Silkypix und klicken Sie in der linken Palette auf das Weißabgleich-Symbol (die kleine Sonne). Nun wählen Sie im Ausklapp-Menü aus verschiedenen vordefinierten Weißabgleich-Einstellungen oder passen die Farben im Motiv benutzerdefiniert an, indem Sie direkt auf das Sonnen-Symbol klicken. Mit der WB-Pipette (Kreis im Screenshot) können Sie den Abgleich sogar nachträglich eichen, indem Sie auf eine weiße oder neutralgraue Stelle im Motis klicken.

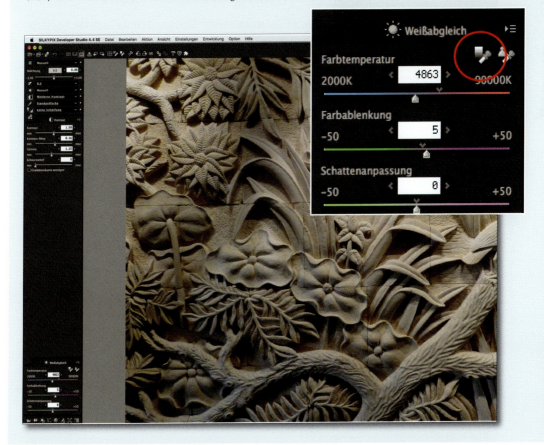

PRAXIS

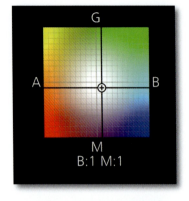

daran, dass diese Art des Weißabgleichs „auf Sicht" keine 100%-Garantie gegen Farbstiche ist und dass der einmal eingestellte Kelvin-Wert gespeichert bleibt, bis Sie ihn entweder verändern oder auf den automatischen Abgleich zurückschalten – ansonsten drohen Farbstiche.

Übrigens lassen sich alle **Voreinstellungen beeinflussen**, sofern Sie den Weißabgleich über die rechte Richtungstaste der TZ aufgerufen haben. Drücken Sie dann die untere Taste („Ändern"), nun können Sie die Farben steuern, indem Sie in einem Koordinatensystem den gewünschten Farbton durch Verschieben des zentralen Punktes (Screenshot) dauerhaft festlegen und die Auswirkung gleich auf dem Monitor kontrollieren. Die „A-B"-Achse steht für „Amber" nach „Blue", variiert also den Farbton von Orange nach Blau; die „G-M"-Achse („Green" - „Magenta") ändert den Farbton von Grün nach Rot.

Den Weißabgleich manuell steuern

Neben der schrittweisen Anpassung der Farbe durch die Näherung mit Hilfe der Kelvin-Werte kann der Weißabgleich auch für ein bestimmtes Motiv **manuell eingestellt** (sozusagen „geeicht") werden. Bei der TZ202 nennt sich diese nützliche Technik **„Weißabgleich Einstellen"** und kommt mit vier Speicherplätzen daher. Nutzen Sie das Feature, wenn die Lumix selbst mit den diversen Festwerten keine befriedigende Farbwiedergabe erzielt. Wählen Sie zunächst einen der vier Speicherplätze aus (oberer Screenshot). Nun richten Sie die Kamera unter der vorherrschenden Beleuchtung formatfüllend auf eine weiße Stelle im Motiv (Wand, Teller ...) oder ein Blatt Papier (noch besser: eine **Graukarte** – die gibt's für ein paar Euro im Fotohandel). Fokussieren oder die Belichtung messen müssen Sie nicht – wichtig ist nur, dass das Papier oder die Graukarte von dem zu eichenden Licht beschienen wird. Nun drücken Sie die obere Taste des Vierrichtungswählers, und auf dem Display erscheint ein zentrales, gelb umrahmtes Rechteck (unterer Screenshot). Das bringen Sie nun komplett mit dem weißen Gegenstand in Deckung und drücken dann auf die „MENU/SET"-Taste. Die Lumix macht ein Foto, quittiert die Eichung mit der Anzeige „Beendet" und „weiß" nun, wie sie unter den vorherrschenden Lichtbedingungen Weiß zu definieren hat. Dieser Wert bleibt bis zur nächsten Änderung gespeichert und wird beim Aufrufen des jeweiligen Speicherplatzes wieder aktiviert.

PRAXIS

Kleines Bild: Starker Farbstich, weil versehentlich ein falscher Weißabgleich voreingestellt war. Das JPEG wurde in Silkypix mithilfe der Farbtemperatur-Regler nachträglich korrigiert. Fotos: Frank Späth

ISO-Empfindlichkeit und Rauschen

Belichtung und Farbe – zwei zentrale Aspekte rund um die technische Qualität der Bilder haben wir uns bereits erarbeitet. Jetzt kommen wir zum dritten großen Komplex, zur **Einstellung der ISO-Empfindlichkeit**. Und da dieses Thema zwangsläufig mit einem anderen verbunden ist, wollen wir beide gemeinsam besprechen. Gemeint ist das **Bildrauschen**, das vor allem bei hohen ISO-Werten auftritt und bis dato für viele unzufriedene Kompaktkamera- und Smartphone-Nutzer der Hauptgrund für einen Umstieg auf die großen Sensoren von Systemkameras war. „War" – denn mit dem Einzug des 1"-Sensors in die Liga der ultrakompakten Reisezoomer schrumpfte der Abstand zwischen Hosentaschen- und Systemmodell spürbar: Die TZ202 kann bis zu einem gewissen Grad mit einem größeren System mithalten und lässt klassische Kompaktkameras weit hinter sich!

Unter „ISO-Einstell-Stufen" legen Sie fest, wie fein die ISO-Werte abgestimmt werden sollen.

Wir wollen in diesem Abschnitt die verschiedenen ISO-Werte unserer TZ untersuchen und darauf achten, wann und wo sich Bildrauschen und Störungen entwickeln. Natürlich erhalten Sie in diesem Zusammenhang auch Lösungsvorschläge zur **Vermeidung und Reduzierung** des Rauschens.

Der eigentliche Empfindlichkeitsbereich unserer Lumix startet bei **ISO 125 und reicht bis ISO 12.800**. Darüber hinaus lässt sich im Aufnahme-Menü die „**Erweiterte ISO**" freischalten, die verminderte Werte von ISO 80 und ISO 100 zur Verfügung stellt, falls es für ISO 125 zu hell wird (was beispielsweise beim Aufhellblitzen im hellen Tageslicht schnell passieren kann) und nach oben erweiterte Werte bis ISO 25.600 für Fotos bei sehr wenig Licht oder wenn extrem kurze Verschlusszeiten gefragt sind. Die erweiterten Werte tragen als Kennzeichnung die Buchstaben „L" (ISO 80 und ISO 100), bzw. „H" (ISO 16.000, ISO 20.000 und ISO 25.600). Ebenfalls im Aufnahme-Menü können Sie unter „ISO-Einst.Stufen" die ISO-Stufen zwischen 1/3 und 1/1 wählen. Im ersten Fall stehen Ihnen dann im ISO-Menü rund zwei Dutzend Empfindlichkeiten zur Verfügung. Alternativ überlassen Sie die ISO-Einstellung der Kamera („Auto"). Ebenfalls festlegen lässt sich die **ISO-Obergrenze**, die die Lumix beim Einstellen auf „ISO Auto" oder „i.ISO" beachten muss.

Mit Hilfe der variablen Sensorempfindlichkeit lässt sich die TZ an die verschiedensten Lichtbedingungen anpassen. So eignen sich untere Werte wie ISO 125 oder 200 für qualitativ hochwer-

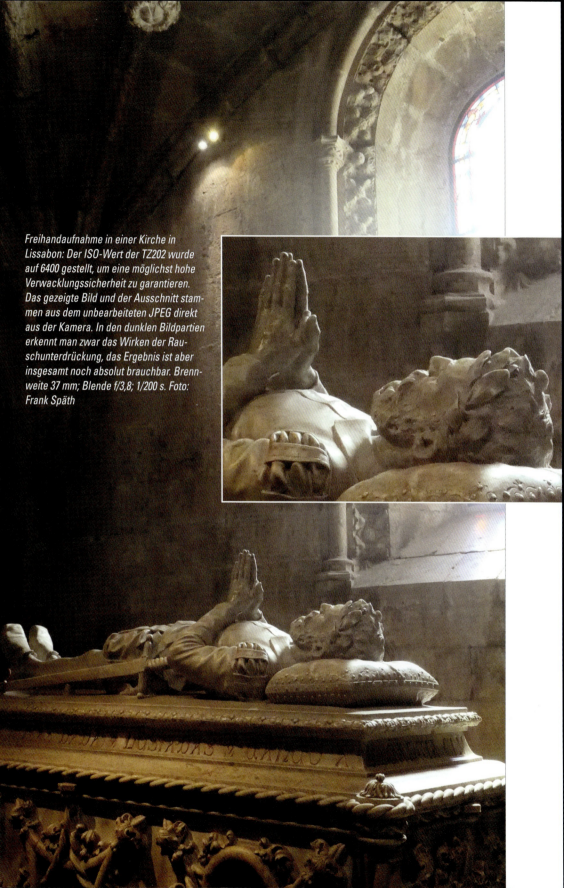

Freihandaufnahme in einer Kirche in Lissabon: Der ISO-Wert der TZ202 wurde auf 6400 gestellt, um eine möglichst hohe Verwacklungssicherheit zu garantieren. Das gezeigte Bild und der Ausschnitt stammen aus dem unbearbeiteten JPEG direkt aus der Kamera. In den dunklen Bildpartien erkennt man zwar das Wirken der Rauschunterdrückung, das Ergebnis ist aber insgesamt noch absolut brauchbar. Brennweite 37 mm; Blende f/3,8; 1/200 s. Foto: Frank Späth

PRAXIS

INFO

Die Intelligente ISO-Empfindlichkeit

Ebenfalls im ISO-Menü zu finden: die „Intelligente ISO-Empfindlichkeit". Aktivieren Sie diese, und die Kamera erhöht die ISO-Zahl automatisch, sobald sie Bewegung im Motiv erkennt. Für die Analyse ist der Venus Engine-Bildprozessor zuständig. Stellt dieser fest, dass sich etwas im Motiv bewegt, dann ermöglicht die automatische ISO-Erhöhung eine kürzere Verschlusszeit. Auf diese Weise sollen vor allem Bewegungsunschärfen minimiert werden. Eine tolle Sache, gerade für Schnappschüsse und weniger erfahrene Fotografen. Wer jedoch das Rauschen so niedrig wie möglich halten will, der sollte den ISO-Wert lieber manuell steuern.

Hinweis: Im i.ISO-Betrieb erhöht die Automatik übrigens bis maximal ISO 3200, bei eingeschaltetem Blitz bis ISO 4000.

tige Fotos bei guten Lichtbedingungen und sind die ideale Wahl bei Portraits oder Landschaftsaufnahmen. Und sollten Sie in die Verlegenheit eines zu großen Lichtangebots kommen und der erweiterte ISO-Wert von 80 nicht ausreichen, dann hilft die TZ mit dem schnellen elektronischen 1/16.000 s-Verschluss – beispielsweise bei Portraits im hellen Tageslicht. Hohe Empfindlichkeiten wie ISO 800 oder 1600 sind gefragt, wenn entweder die Lichtverhältnisse das Zuschalten des Blitzes (zumindest auf kurze Distanzen) oder ein Stativ erfordern würden, oder wo kurze Verschlusszeiten benötigt werden (z. B. bei der Actionfotografie und beim Einsatz der langen Brennweiten).

Die Auswahl der Empfindlichkeit will gut überlegt sein, denn zu geringe Sensibilität erhöht die Anfälligkeit des Aufnahmesystems für Verwacklungen, zu hohe fördert den ultimativen Feind des technisch perfekten Bildes: das Rauschen und seine Folgen. Während der Belichtung produzieren die Halbleiterelemente des Sensors nicht nur nutzbare Signale (Information), sondern auch unbrauchbare (= Rauschen). Jede Fotodiode weist ein gewisses **Grundrauschen** auf, das zusammen mit der durchs Objektiv einfallenden Lichtinformation in elektrischen Strom umgewandelt und von der Kameraelektronik interpretiert wird. Also besteht die Kunst der kamerainternen Bildverarbeitung darin, das Lichtsignal so verlustfrei wie möglich auszulesen und dabei das Rauschen auszufiltern. Dies gelingt bei hellem Licht (und damit meist verbundenen niedrigen ISO-Werten) recht gut, denn hier überwiegt das Signal das Rauschen und die Störsignale gehen in der Menge der Nutzsignale unter. Wird aber die ISO-Empfindlichkeit heraufgesetzt, dann nimmt das Bildinformationen tragende Signal im Verhältnis zum Rauschanteil ab. **Die Störsignale werden mitverstärkt**, denn die Erhöhung des ISO-Wertes bewirkt keineswegs eine höhere Lichtempfindlichkeit des Sensors. Die Empfindlichkeit eines Bildwandlers bleibt stets gleich – im Fall der TZ202 liegt sie bei ISO 125. Bei allen anderen Werten wird das Signal, das von den Fotodioden auf den Sensor kommt, verstärkt – und damit eben auch das Grundrauschen.

Das Ausmaß des Rauschens hängt desweiteren von der **Größe (und damit der Lichtaufnahmefähigkeit) der Fotodioden** ab. Große Dioden bieten (weil sie in derselben Zeit natürlich mehr Licht aufnehmen) a priori ein besseres Signal-Rauschverhältnis als kleine. Schrumpfen die „Pixel" also (weil immer mehr von ihnen auf der Sensorfläche untergebracht werden

PRAXIS

Dank größerer Fläche ist der Sensor der TZ202 a priori weniger rauschanfällig als bei typischen digitalen Kompakten oder gar Smartphones.

müssen oder weil der Sensor winzig ist), dann steigt der Rauschanteil pro „Pixel" an, und die kamerainterne Bildverarbeitung muss diesen Nachteil möglichst geschickt ausgleichen.

Der 13 x 8 mm große Sensor der 202 und auch die Pixelfläche sind rund doppelt so groß wie in anderen TZ-Modellen. Die Dioden nehmen also in derselben Zeit mehr Licht auf als die Pixel in typischen Kompaktkameras oder Handys.

Dazu kommt **weiter eine optimierte Datenverarbeitung**. Also sollte die Top-TZ in Sachen Rauschen auch deutlich besser abschneiden als ihre Schwestern. Wir schauen uns das gleich anhand von Labortestbildern an.

Noch kurz zu einer weiteren Ursache für das Bildrauschen: **Wärme**. Eine Erhöhung der Temperatur bewirkt, dass sich die Elektronen auf der Sensor-Oberfläche mehr bewegen – zusätzlich zur Bewegung, in die sie durch die Spannung versetzt werden. Diese Bewegung wird bei der Auslesung der Spannung in vermeintliche Bildinformation „zurück übersetzt" – das Rauschen steigt an. Was die schiere Qualität angeht, lassen sich also bei klirrender Kälte technisch gesehen bessere Bilder machen als im Hochsommer oder drinnen am Kaminfeuer – theoretisch wenigstens.

Lange Belichtungszeiten und Videoaufnahmen erhöhen ebenfalls die Sensortemperatur und das Rauschen. Für rauschfreie Ergebnisse sollten Sie also nicht vor der Auslösung minutenlang auf dem Monitor komponiert haben. Denn: Sobald Sie das Motiv bei der Lumix sehen, ist der Sensor angeschaltet und produziert Wärme – wenn auch in vergleichsweise geringem Umfang, denn Panasonic hat sich dieses Themas schon alleine wegen der Video- und 4K-Foto-Funktionen intensiv angenommen.

Jetzt wollen wir das Rauschverhalten bei den verschiedenen ISO-Werten der TZ202 im Detail analysieren und exemplarisch die Unterschiede zu anderen Lumix-Modellen mit größeren und kleineren Sensoren – und natürlich mit der Vorgängerin TZ101 – herausarbeiten.

PRAXIS

AUSPROBIERT

ISO-Empfindlichkeit und Rauschen

Keine Frage: Hohe ISO-Werte befreien den Fotografen vom Stativ-Zwang und machen blitzfreie Bilder in dunkler Umgebung möglich. Aber Vorsicht: Jeder Bildwandler wird mit steigenden Empfindlichkeiten anfälliger für Bildrauschen, auch wenn der 1"-Sensor der TZ202 in diesem Punkt deutlich mehr „Bewegungsfreiheit" für den Fotografen mit sich bringt.

Dennoch gilt: Je höher Sie (oder die Kamera-Automatik) den ISO-Wert drehen, desto dominanter treten die Störsprenkel in Erscheinung und geht parallel die automatische Rauschunterdrückung zu Lasten von Bilddetails. Wir analysieren anhand des PHOTOGRAPHIE-Testcharts, das wir auf einem Kaiser-Reprotisch mit Tageslichtbeleuchtung vom Stativ aus mit allen ISO-Empfindlichkeiten abfotografiert haben, die Entwicklung des Bildrauschens bzw. das Ausmaß der Unterdrückung. Dabei untersuchen wir ISO-Stufe für ISO-Stufe, ab welcher Empfindlichkeit sich Rauschen bzw. die Auswirkungen der kamerainternen JPEG-Rauschunterdrückung bemerkbar machen und inwieweit sich die TZ202 hier von ihrer Vorgängerin und anderen Lumix-Modellen unterscheidet. Wir haben jeweils im Bildstil „Standard" gearbeitet und unter „Rauschmind." die Unterdrückung auf +/-0 belassen. Wir zeigen Ihnen auf den nächsten Seiten für alle ISO-Werte jeweils zwei starke Ausschnittvergrößerungen aus unserem Testchart.

Unser Testbild in Originalgröße.

PRAXIS

ISO 125

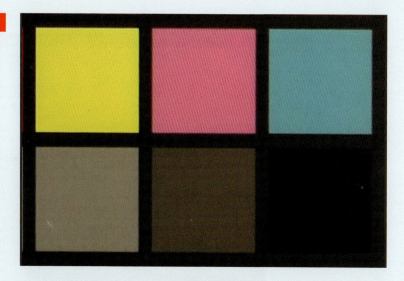

Beim nominellen ISO-Wert 125 zeigt die TZ erwartungsgemäß weder störendes Rauschen noch negative Auswirkungen einer Rauschunterdrückung. Keine Überraschung, denn hier bietet die Lumix ihr Leistungsoptimum.

PRAXIS

ISO 200

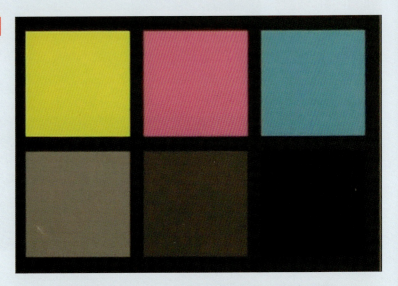

ISO 200 zeigt keine visuelle Verschlechterung gegenüber ISO 125 und lässt sich damit sehr gut als qualitativ hochwertige Empfindlichkeit mit etwas mehr Verschlusszeitenreserve verwenden.

PRAXIS

ISO 400

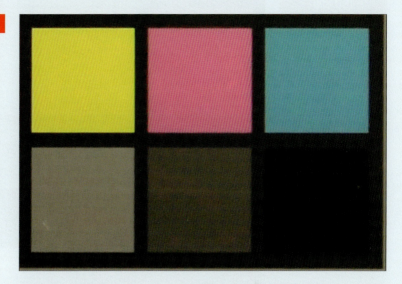

Kaum Nachteile im Vergleich zu ISO 200, nur minimale Verluste in den Bilddetails. Auch ISO 400 lässt sich bei der TZ202 einsetzen, wenn es um qualitativ hochwertige Bilder geht. Guter ISO-Wert für Sport und Action bei Tageslicht.

PRAXIS

ISO 800

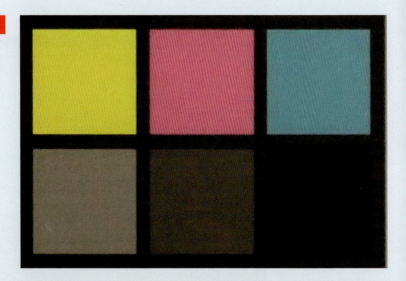

Auch ISO 800 bringt noch kein störendes Rauschen mit sich, die Glättung der Details (Garnrollen) ist nicht wesentlich stärker als bei ISO 400. ISO 800 kann also problemlos zum Einsatz kommen, wenn es beispielsweise ums Fotografieren bei wenig Licht mit halbwegs verwacklungssicheren Belichtungszeiten geht.

PRAXIS

ISO 1600

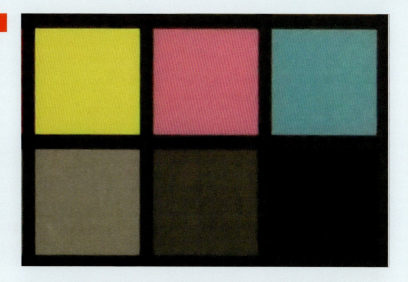

Jetzt tritt leichtes Rauschen auf, auch die Glättung der Details durch die Rauschunterdrückung im JPEG zeigt bei ISO 1600 erste Auswirkungen (achten Sie auf die rote Garnrolle). Dennoch ein brauchbarer Wert, auch bei höheren Ansprüchen (bei wichtigen Motiven parallel ein RAW speichern und ggfs. nachbearbeiten).

PRAXIS

ISO 3200

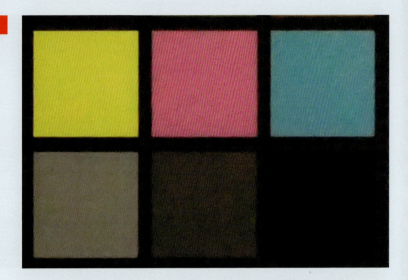

ISO 3200 beschert mittelmäßig verrauschte Ergebnisse und sollte als absolute Obergrenze für die ISO-Automatik gelten, wenn Sie die Fotos später ausdrucken oder vergrößern wollen. Bei wenig Licht ist dieser Wert aber immer noch praktikabel, aber optimalerweise in Kombination mit dem RAW-Format.

PRAXIS

ISO 6400

Bei ISO 6400 stört das Rauschen, die Details in den Garnrollen beginnen zu verschwinden. Für einen kompakten Reisezoomer liefert die Lumix TZ202 zwar ein vergleichsweise respektables Ergebnis, aber ab diesem ISO-Wert kippt die Qualität.

PRAXIS

ISO 12.800

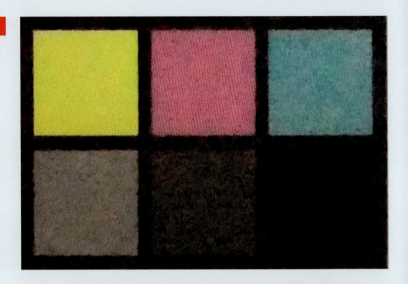

ISO 12.800 ist der höchste nicht „erweiterte" Wert. Er produziert deutlich verrauschte Bilder mit heftigen Detailverlusten im JPEG und sollte nur in Notfällen verwendet werden. Ein parallel gespeichertes RAW ist hier geradezu ein Muss.

PRAXIS

ISO 25.600

Quasi unbrauchbar sind die Ergebnisse der erweiterten ISO-Empfindlichkeit 25.600: Starkes Rauschen und heftige Glättung der Details durch die Rauschunterdrückung. Das JPEG liefert hier ein nicht mehr sinnvoll verwendbares Resultat. Bei solchem Extremwerten sind aber selbst die meisten Systemkameras überfordert.

PRAXIS

AUSPROBIERT

Rausch-Vergleich mit der TZ101, TZ91 und G81

Wir haben eben gesehen, dass der 1"-Sensor der TZ202 auch bei höheren ISO-Werten gute Ergebnisse liefert. Doch hat sich die Qualität im Vergleich zum Vorgängermodell TZ101 verbessert – und inwieweit ist der 1"-Bildwandler qualitativ von noch größeren Sensoren entfernt? Außerdem: Ist der 1"-Sensor in Sachen Rauschen sichtbar besser als die kleineren 1/2,3"-Bildwandler von anderen aktuellen Lumix-Reisezoomern wie der TZ91? Um das zu untersuchen, haben wir die ISO-Charts der TZ202 mit der TZ101, der TZ91 und dem Micro FourThirds-Systemmodell Lumix G81 verglichen. Unsere Ausschnitte stammen jeweils aus den Testaufnahmen des PHOTOGRAPHIE-Charts mit **ISO 6400**.
Die kleine Schwester TZ91 besitzt einen 1/2,3"-Sensor und zeigt in diesem Vergleich erwartungsgemäß das stärkste Rauschen. Die Bildqualität ist bei diesem ISO-Wert nicht mehr wirklich brauchbar. Die Systemkamera G81 hingegen verfügt über den großen MFT-Sensor (17,3 x 13 mm) und bietet 16 Megapixel – sie hat das geringste Rauschverhalten in unserem Vierervergleich.
Nicht wirklich überraschend, dass die TZ202 deutlich besser abschneidet als „kleinere" TZ-Modelle. Ebenso wenig hat es uns erstaunt, dass sich die Bildqualität im Vergleich zur TZ101 nicht gesteigert hat – beide Modelle arbeiten mit fast identischen Sensoren und unterscheiden sich vor allem hinsichtlich Objektiv und Ausstattung. Es fasziniert eher, dass der Abstand zum „großen" MFT-Sensor nicht so groß ist und sich bei geringeren ISO-Werten weitestgehend egalisiert. Das macht die 202 auch in unserem Labortest zu einer kompakten Alternative für anspruchsvolle Fotografen, die nicht auf jeder Tour ihr Equipment mitnehmen wollen, sondern sich hin und wieder auch gerne einer hochwertigen Hosentaschenkamera anvertrauen.

211

Den maximalen Wert für die ISO-Automatik können Sie im Aufnahme-Menü einstellen.

Fazit unseres Rauschtests

Hohe ISO-Werte sind eine verlockende Sache, keine Frage, waren aber bisher bei Kompaktmodellen stets mit mehr oder minder heftigen Verlusten behaftet. Dank 1"-Sensor unterscheidet sich die TZ202 aber auf positive Weise von üblichen Kompakt- oder gar Smartphone-Kameras. Unterm Strich können Sie bis **ISO 3200** auch als anspruchsvoller Fotograf noch mit brauchbarer Bildqualität rechnen.

Darüber schlägt dann auch beim 1"-Sensor das Rauschen Schritt für Schritt zu Buche. Und auch die beste kamerainterne Bildoptimierung **kann nichts an den Ursachen des Rauschens ändern**, sondern bekämpft nur dessen Auswirkungen im (JPEG-)Bild. Also kaschiert sie die (meist farbigen) „Störpixel", indem sie – vereinfacht ausgedrückt – den Kontrast und die Scharfzeichnung in den betroffenen Bereichen senkt und damit die Konturen „verschwimmen" lässt (siehe unsere beiden Vergleichsbilder zwischen JPEG und RAW auf der rechten Seite). Und da man weder im Leben noch in der Fotografie irgend etwas geschenkt bekommt, hat die Sache natürlich einen Haken: **Die Rauschunterdrückung geht zu Lasten der Detailwiedergabe,** auch wenn alle aktuellen Venus-Engine-Bildprozessoren hier deutliche Fortschritte gemacht haben.

Wem die maximal 12.800 ISO nicht reichen (die aber auch schon stark verrauschte Ergebnisse liefert), dem bietet die Lumix mit der „Erweiterten ISO" eine Steigerungsmöglichkeit auf bis zu **ISO 25.600** – immerhin bei voller Bildgröße, aber nicht mehr wirklich brauchbar. Der Extremwert sollte Spezialfällen vorbehalten bleiben und in erster Linie dazu dienen, Bewegungen einzufrieren und schlimme Verwacklungen zu vermeiden.

Generell gilt aber stets das Motto: „Lieber verrauscht als verwackelt". Scheuen Sie sich nicht, den ISO-Wert (in Maßen) heraufzusetzen, wenn trotz Stabilisation Verwacklung droht. Denn ein unscharfes Bild ist nachträglich kaum zu retten, während bei einem verrauschten Foto noch so einige **Kunstgriffe in der „Postproduction"** möglich sind.

Rechts noch eine Veranschaulichung zum Thema Rauschminderung aus unserem PHOTOGRAPHIE-Chart, das wir im JPEG (Rauschminderung +/-0) und gleichzeitig im RAW-Format aufgenommen haben. Auf der nächsten Doppelseite geht's dann um die kamerainterne Rauschminderung.

PRAXIS

Detailverlust durch Rauschunterdrückung: An diesem ISO-3200-Ausschnitt lässt sich gut erkennen, wie das eigentliche Rauschen aussieht und wie die JPEG-Bildverarbeitung die Rauschanteile glättet. Oben das Bild im JPEG-Format, unten das parallel gespeicherte RAW, geöffnet in Adobe Camera RAW. Dieses Foto lässt sich wesentlich gezielter nachbearbeiten als das verrauschte und bereits glattgebügelte JPEG.

PRAXIS

AUSPROBIERT

„Rauschminderung" in der Kamera

Das Ausmaß der kamerainternen Rauschminderung durch den Venus Engine-Prozessor können Sie über „Bildstil" auf der ersten Seite des Aufnahme-Menüs beeinflussen. Das gilt natürlich nur für das JPEG-Format, denn beim RAW findet keine Rauschunterdrückung statt. Standardmäßig steht die Rauschminderung auf 0. Wir haben das Arbeiten der Rauschminderung an unserem ISO 6400-Testchart (unten) ausprobiert. Die beiden Ausschnitte auf der rechten Seite wurden in Photoshop ein wenig aufgehellt, damit Sie besser erkennen können, wie und wo die Technik wirkt.

Anhand unserer Ausschnittvergrößerungen sehen Sie, wie die Unterdrückung arbeitet. Beim höchsten Wert (+5) sind zwar weniger Rauschanteile zu erkennen (rechte Seite unten), dafür wirken die Details im Bild schon stark geglättet (besonders gut zu sehen an den Haaren des Models und am Graffiti im Hintergrund. Diese Glättung ist ein typisches Merkmal starker kamerainterner Minderung. Das Bild auf der rechten Seite oben mit der geringsten Minderung (-5) sieht verrauschter aus, ist dafür aber auch „schärfer" und somit am besten nachbearbeitbar.

Bei der kamerainternen Rauschminderung geht es letzten Endes also immer um einen Kompromiss, denn auch der 1"-Sensor und der jüngste Venus Engine-Prozessor können bei der TZ202 keine Wunder vollbringen. Unser Einstellungstipp also: Lassen Sie die Minderung auf dem standardmäßigen Wert 0, es sei denn, Sie wollen das JPEG nachbearbeiten, dann empfiehlt sich -3 oder -4. Grundsätzlich ist aber bei sehr hohen ISO-Werten gleich das Arbeiten im RAW-Format (zumindest parallel zum JPEG) empfohlen.

PRAXIS

Rauschminderung: -5, geringste Unterdrückung.

Rauschminderung: +5, stärkste Unterdrückung.

PRAXIS

Ein Tipp für Fans von Dauerbelichtungen: Langzeit-Rauschreduzierung

Der Venus Engine-Prozessor der TZ202 kann auftretendes Rauschen in verschiedenen Stärken kaschieren – doch kann er natürlich an den Ursachen des Rauschens nichts ändern. Das lässt sich nur so gut wie möglich vermeiden (optimale Sensor-Architektur, große Pixelsensoren, viel Licht, niedrige ISO-Zahl, kühler Sensor, keine allzu langen Belichtungszeiten …). Tritt es aber auf, dann lassen sich lediglich seine Symptome verdecken – und genau das macht eine kamerainterne Rauschreduzierung, die vom Venus Engine-Prozessor der Kamera bei jedem (JPEG-) Bild **automatisch vorgenommen** wird.

Zusätzlich zur standardmäßigen Software-Minderung des Rauschens, die wir Ihnen eben vorgestellt haben, finden Sie im Aufnahme-Menü (3. Bildschirmseite) unter „Langz.-Rauschr." eine weitere kamerainterne Maßnahme gegen die Auswirkungen des Bildrauschens: die **Langzeit-Rauschreduzierung**. Sie funktioniert (je nach ISO-Wert) ab **Belichtungszeiten von etwa einer Sekunde**.

Die Rauschreduzierung bei langen Zeiten arbeitet nach dem Prinzip einer **Doppelbelichtung mit Dunkelbild**. Weil unmittelbar nach der Belichtung eine zweite Aufnahme mit derselben Belichtungszeit, aber bei geschlossenem Verschluss gemacht wird, kann die Kamerasoftware im Vergleich von Aufnahme und Dunkelbild einen Großteil der Störpixel im Bild erkennen (hierunter fallen übrigens auch tote Pixelelemente auf dem Sensor) und aus dem Bild „herausrechnen". Die Technik hilft vor allem gegen das **Helligkeitsrauschen**, das sich bei sehr langen Belichtungen in Form kleiner weißer Flecken im Bild bemerkbar machen kann – auch bei niedrigen ISO-Werten. Insofern sind hier ein Stativ bzw. niedrige Empfindlichkeiten keine Lösung.
In der Praxis benötigen Sie die Langzeit-Rauschreduzierung bei Nachtaufnahmen – nach unserer Erfahrung ab Zeiten von 5 Sekunden aufwärts. Grundsätzlich macht die TZ einen guten Job und eliminiert die winzigen Störpunkte im Motiv zuverlässig. Das Ganze funktioniert übrigens auch im RAW-Format.
Bedenken Sie aber, dass sich bei der Dunkelbild-Methode die **Belichtungs- und Verarbeitungszeit verdoppelt** und die Lumix in dieser Zeit einen „Langzeit-Rauschreduzierung läuft"-Bildschirm mit Countdown zeigt. Während dieser Phase ist die Kamera für weitere Aufnahmen blockiert.

Zusammengefasst

Unsere Tests von eben bergen keine großen Überraschungen. Denn auch mit der cleversten kamerainternen Rauschunterdrückung lässt sich die Ursache des Rauschens nicht eliminieren, stattdessen bekämpft man nur die Symptome. Was für normale Printgrößen in Ordnung geht, stört spätestens beim Posterdruck: Das Bild wird ab ISO 3200 durch die Rauschminderung zu „weich".

Also hier unsere **Einstellungstipps gegen Rauschen**:

1. Für den „üblichen Hausgebrauch" Ihrer Bilder (Betrachtung am Computer, TV-Gerät, kleine Prints bis 13 x 18 cm): Lassen Sie die Rauschminderung auf dem Standardwert.

2. Für die Nachbearbeitung am Computer und größere Ausdrucke vom JPEG-Format: Setzen Sie die Rauschminderung auf einen geringeren Wert (z. B. -3). So erhalten Sie ein größeres Potenzial für eine nachträgliche Rauschminderung am Computer mit speziellen Tools.

3. Bei höheren Ansprüchen an die Bildqualität sollten Sie auf jeden Fall das **RAW-Format** nutzen. So können Sie dem Bildrauschen später bei der Bearbeitung mit Silkypix oder einem anderen RAW-Konverter mit der Rechenpower Ihres Computers zu Leibe rücken.

Fazit: Die TZ202 ist (wie schon die 101) der am geringsten rauschanfällige Reisezoomer im Panasonic-Programm. Dennoch droht auch bei ihr bei hohen ISO-Werten Rauschen bzw. Qualitätsminderung durch die JPEG-Rauschunterdrückung. Kritisch betrachtet, schütten Sie während der Rauschminderung gerade bei hohen ISO-Werten also das Kind mit dem Bade aus. Die Sprenkel verschwinden, aber mit ihnen auch so manches Bilddetail – ein technisch bedingter Teufelskreis, aus dem Sie ohne weitere Maßnahmen nicht ausbrechen können.

Aber es gibt ja noch das RAW-Format, wo keine kamerainterne Bearbeitung stattfindet. Schauen wir uns mal an, welche Möglichkeiten Sie hier bei hohen ISO-Werten haben.

PRAXIS

Rauschen nachträglich im RAW reduzieren mit Silkypix Developer

„Nach dem Spiel ist vor dem Spiel": Wer mit verrauschten Bildern auf der Karte nach Hause kommt und dennoch große Prints will, muss nicht verzichten. **Denn das Bildrauschen lässt sich recht effizient am Computer bekämpfen.** Dazu sollten Sie jedoch im RAW fotografiert haben, denn nur hier erhalten Sie das Bild ohne kamerainterne Nachbearbeitung. Zwar lassen sich prinzipiell auch JPEGs nachträglich „entrauschen", doch nicht mit dem qualitativ gleichen Ergebnis wie beim RAW. Wichtig: Wenn Sie JPEGs entrauschen wollen, reduzieren Sie die kamerainterne Rauschminderung!

Die Idee, den Kampf gegen das Rauschen auf den Computer zu verlagern, macht Sinn, denn der Kameraprozessor hat bei weitem nicht die Rechenpower eines halbwegs modernen PC. Außerdem muss bei der kamerainternen Bilddatenaufbereitung der

Silkypix bringt eigene Werkzeuge zur nachträglichen Rauschunterdrückung in Lumix-RAWs mit (Pfeil). Man muss sie aber erst mal finden ...

PRAXIS

Noch einmal unser ISO-6400-Beispiel, diesmal als RAW, das wir mit den Rauschfiltern von Silkypix bearbeitet und anschließend noch leicht nachgeschärft haben. Vergleichen Sie das Ergebnis mit den JPEG-Ausschnitten von eben.

Geschwindigkeit Vorrang eingeräumt werden, was allzu aufwändige Rechenoperationen vor dem Abspeichern ausschließt – vor allem bei datenintensiven Anwendungen wie Serienbilder oder 4K-Foto. Eine tiefergehende softwarebasierte Rauschunterdrückung dauert nämlich selbst auf einem aktuellen Computer ein klein wenig.

Also entrauschen wir die Fotos bequem am Schreibtisch, wo ein paar Sekunden mehr oder weniger nicht ins Gewicht fallen. Sie werden sehen, dass es sich lohnt: Wer sich den (kleinen) Mühen der „Postproduction" unterzieht, der erzielt nämlich die eindeutig besseren Ergebnisse.

PRAXIS

Sicher und flott scharf

Wenn wir bislang von „Bildschärfe" gesprochen haben, dann meinten wir entweder die Scharfzeichnung oder die Detailtreue in den Bildern. Jetzt nähern wir uns dem Thema von einer globaleren Seite und befassen uns mit der Fokussierung der TZ202, dem Serienbildbetrieb, dem 4K-Foto-Modus sowie dem Video.

Die Lumix misst die Schärfe – ebenso wie die Belichtung – durchs Objektiv hindurch. Der Autofokus arbeitet nach dem Prinzip der Kontrasterkennung, also kompaktkameratypisch – wurde aber um eine sehr spannende Funktion erweitert: die **DFD-Technologie**. Sie stammt aus den aktuellen Modellen der Lumix G-Serie und hat die spiegellosen Systemkameras inzwischen in Sachen AF-Speed endgültig auf das Niveau des klassischen Phasen-AF einer Spiegelreflexkamera katapultiert. Nun profitiert auch die TZ-Serie von diesem hybriden Fokussystem. DFD („Depth from Defocus") berechnet 240 Mal pro Sekunde die Entfernung durch die Auswertung von zwei Aufnahmen mit unterschiedlichen Schärfeebenen unter Berücksichtigung der vom Objektiv gelieferten Informationen. Erst dann startet die TZ die für Kompaktkameras typische AF-Kontrastmessung, die aber dank der **Vorinformationen aus der DFD-Analyse** die Fokussiergruppe im Objektiv bereits an die richtige Position schicken kann und daher spürbar schneller ihr Ziel findet. Auf diese Weise stellt die TZ202 – wie schon die TZ101 – auf schwierige Motive in rund einer zehntel Sekunde scharf. Vor allem beim Einsatz der längeren Brennweiten macht sich das gesteigerte Tempo durch DFD in der Praxis positiv bemerkbar.

Bei der DFD-Autofokustechnologie werden zunächst zwei „Probeschüsse" mit verschiedenen Fokuseinstellungen des Objektivs gemacht und dann mit der Kontrastmessung verrechnet.

Wir schauen uns nach diesem kurzen technischen Exkurs jetzt die verschiedenen AF-Modi und -Steuerungsmöglichkeiten an und untersuchen, welche Einstellung sich für welche Motivarten am besten eignet. Danach betrachten wir die diversen **Serienbildmodi** und untersuchen natürlich den **4K-Foto-Modus**, der gerade bei Action-Motiven eine noch höhere Bildausbeute verspricht.

PRAXIS

Der DFD-Autofokus der TZ202 überzeugt mit hoher Geschwindigkeit und Präzision. Hier kam der 49-Feld-AF zum Einsatz, der das Hauptmotiv zielsicher fokussiert. Brennweite 98 mm; f/8,0; 1/250 s; ISO 125. Manuelle Belichtungskorrektur um -1 EV, um den Silhouetteneffekt zu erzeugen.
Foto: Frank Späth

Autofokus

AF-Betriebsart: Statisch oder flexibel?

Bevor wir uns mit den Möglichkeiten der AF-Messfeldsteuerung beschäftigen, schauen wir uns zunächst die „AF-Typen" unserer Lumix an. Die **Fokus-Betriebsart** legt fest, wie sich der Autofokus bei verschiedenen Motiven (bewegte oder unbewegte) verhalten soll. Die Lumix bietet drei verschiedene Möglichkeiten der automatischen Fokussierung: Einzel-Autofokus („AFS"), flexibler Autofokus („AFF") und kontinuierlicher Autofokus („AFC"). Dazu kommt die manuelle Scharfstellung („MF"). Für die Einstellung der Betriebsart nutzen Sie am besten das Schnell-Menü. Was steckt hinter den Abkürzungen?

Einzel-Autofokus („AFS")
Dies ist die Standard-Betriebsart der Lumix und sollte beim Gros der Motive zum Einsatz kommen, die **keine Schärfenachführung** erfordern, also beispielsweise Portraits, Landschaften, Makros, Stativaufnahmen. Diese auch „Autofocus Single" oder „statischer AF" genannte Betriebsart ist also das **Programm für unbewegte Motive**. In diesem Modus fokussiert die Kamera das Motiv, sobald Sie den Auslöser andrücken. Sie können das auch sehen und hören: Hat sie erfolgreich fokussiert, ertönt kurz der Bestätigungs-Piep. Dazu leuchtet das aktive Messfeld (bzw. die aktiven Messfelder) grün auf.

Dank DFD-Autofokus ist der statische AF **atemberaubend schnell**. Registrierte man noch bei früheren Kameras vor allem bei Telestellung hin und wieder ein leichtes „AF-Pumpen" (also ein kurzes Hin- und Herfahren, bis der AF seine Berechnungen erledigt und die Fokussiergruppe an die richtige Position geschickt hatte), so entfällt dies bei der TZ202 quasi völlig. Eine „Wartezeit" bis zur erfolgten Fokussierung gibt es bei statischen Motiven so gut wie nicht mehr, aber das war auch schon beim Vorgängermodell so. Tipp: Im AFS-Betrieb dient der Auslöser als **Schärfespeicher**: Sobald die Fokussierung erledigt ist und Ihnen zusagt, halten Sie ihn auf dem ersten Druckpunkt. Jetzt ist die Entfernung gespeichert und ändert sich nicht mehr, solange Sie den Auslöser nicht durchdrücken oder wieder loslassen.

PRAXIS

AFS-Betrieb mit dem 1-Feld-AF; 1/640 s; Blende f/8; ISO 200; 220 mm Brennweite. Die Lumix hat beim ersten Versuch auf die nähere Mauer im Vordergrund fokussiert, daraufhin haben wir das Messfeld nach oben auf die linke Person geschoben. Foto: Frank Späth

Sie können **im AFS-Betrieb auch mit Serienbildern arbeiten**, sollten aber dann bedenken, dass die Kamera die Schärfe für das **erste Bild der Serie speichert** und alle weiteren dann mit dieser Entfernungseinstellung belichtet.

Genau diesen Umstand können Sie sich zunutze machen: Bewegt sich das Zielobjekt beispielsweise parallel zum Fotografen (kommt also nicht auf die Kamera zu oder entfernt sich von ihr), dann sollten Sie den Serienbildbetrieb mit AFS kombinieren und darauf achten, dass das erste Bild richtig fokussiert ist. Da die Lumix jetzt die Schärfe nicht nachführen muss, ist die Bildserie schneller als im AFC-Modus. Das Ganze funktioniert aber eben nur gut, wenn sich der Abstand zwischen Hauptmotiv und Kamera während der Serie nicht großartig ändert.

Flexibler AF („AFF")

Eine Mischung aus AFS und AFC stellt der AF-Stil namens „AFF" („Auto Focus Flexible") dar. Er schaltet **automatisch zwischen Einzel-AF und kontinuierlichem AF** um, wenn die Kamera Bewegung im Motiv erkennt, vereint also die Vorteile beider Systeme. Bei **halb gedrücktem Auslöser** verfolgt der Fokus dann das Ziel so lange, bis endgültig ausgelöst wird. Sie können diesen Modus verwenden, wenn Sie sich nicht sicher sind, auf welche Art von Motiv Sie treffen – beispielsweise bei einer Stadtbesichtigung, bei der sich statische Motive (Häuser, Statuen ...) mit bewegten (Menschen, Tiere ...) mischen. Haben Sie dagegen vor, unbewegte Motive zu fotografieren (Makros, Landschaft, Architektur ...), dann arbeiten Sie lieber gleich mit dem AFS. Das verkürzt unter Umständen die Rechenzeit – vor allem bei langen Brennweiten. AFF hingegen stellt sicher, dass bei einer plötzlichen Veränderung der Entfernung zum Hauptmotiv die Schärfe bei gedrückt gehaltenem Auslöser korrigiert wird.

Kontinuierlicher AF („AFC")

Die dritte Fokus-Betriebsart der TZ202 ist der Spezialist für **bewegte Motive** und spielt ihre Stärken vor allem in Verbindung mit dem **Serienbildmodus** aus. AFC (auch unter dem Begriff „Schärfenachführung" bekannt) heißt: Die Lumix misst die Schärfe kontinuierlich neu, solange Sie den Auslöser auf dem ersten Druckpunkt halten und führt ihn auch während der Serie nach. Dabei löst sie aber unabhängig davon aus, ob die Fokussierung bereits abgeschlossen ist oder nicht.

Auch in dieser Disziplin brilliert das DFD-Autofokussystem: Es stellt extrem schnell scharf, selbst wenn mit Tele gearbeitet oder der Bildausschnitt häufig verändert wird. Die Kamera nimmt sich sogar die Zeit für jeweils einen kurzen Bestätigungston und das Aufleuchten der aktiven Messfelder, wenn sie die Schärfe gefunden hat.

Mit der Kombination Serienbilder & AFC schaufeln Sie natürlich mehr **unscharfe Fotos** auf die Speicherkarte als im AFS-Betrieb, haben aber stets auch die Chance auf einen netten „Beifang" in Form knackscharfer Actionbilder. Im AFC-Modus versucht die Kamera, die Bewegungsrichtung des Hauptobjekts **vorauszuberechnen,** statt dem Motiv mit dem AF einfach nur „hinterherzujagen". Ein kleines, schnell bewegtes und womöglich auch noch häufig die Richtung wechselndes Objekt ist für den AF allerdings viel schwerer vorauszuberechnen als ein großes, das sich gleichmäßig und in einem flachen Winkel zur Kamera bewegt.

PRAXIS

MINI-WORKSHOP

Den Schärfepunkt speichern

Gerade bei langen Brennweiten oder bei Aufnahmen im Nahbereich kann die Fixierung der Schärfe auf ein bestimmtes Detail im Motiv notwendig sein. Arbeiten Sie dazu am besten in der AFS-Betriebsart und visieren Sie mit dem gewünschten AF-Feld das Detail an. Die Schärfe können Sie nun auf zwei Arten speichern: Entweder Sie halten den Auslöser auf dem ersten Druckpunkt gedrückt (und speichern damit in der Werkseinstellung auch die Belichtung) oder Sie verwenden die Messwertspeichertaste „AF/AE-LOCK" oberhalb des Monitors. Möchten Sie ausschließlich den Fokus speichern, dann sollten Sie zuvor im Individual-Menü festlegen, was die Messwertspeichertaste speichern soll. Sie haben die Wahl zwischen nur AF (siehe Screenshot), nur Belichtung (AE) oder beidem.

Bei unseren beiden Motiven unten wurde mit Endbrennweite und Offenblende (f/6,4) zunächst auf den kleinen Pilz im Hintergrund fokussiert (1-Feld-AF, per Touchscreen nach oben verschoben) und der Fokus mit der AF/AE-Taste fixiert. Für das kleine Bild wurde, ohne den Bildausschnitt zu verändern, die Speicherung durch erneutes Andrücken des Auslösers gelöscht, die TZ202 fokussierte folglich in die Bildmitte, die vom orangefarbenen Ei im Vordergrund dominiert wird.

Fotos: Frank Späth

PRAXIS

Der kontinuierliche Autofokus der TZ202 folgt bewegten Objekten recht zielsicher, sofern sie nicht zu klein und wendig sind und sich optimalerweise in etwa im gleichen Abstand zur Kamera bewegen. 300 mm Brennweite; 1/64 s; f/6,4; ISO 200. Foto: Frank Späth

Reicht das Licht im AFC- oder AFF-Betrieb für eine kontinuierliche Vorausberechnung der Schärfe nicht aus, dann schaltet die TZ202 zur Sicherheit automatisch in den AFS-Modus und zeigt dies mit gelber „AFS"-Schrift am oberen Bildschirmrand auch an. Jetzt hat wieder die Scharfstellung Vorrang vor der Auslösung.

Hinweis: AFC funktioniert nicht bei 4K-Serienbilder S/S oder Post-Fokus und ist nur mit fünf der sechs AF-Messfeldsteuerungen (AF-Modi) der TZ202 kompatibel – mit dem „Punkt-AF" kann der kontinuierliche Autofokus nicht zusammenarbeiten. Und zum Thema AF-Modi kommen wir jetzt.

PRAXIS

AF-Modus: Messfelder clever einsetzen

Mit dem AF-Modus (flott zu erreichen übers Schnell-Menü, aber mit mehr Einstellmöglichkeiten übers Aufnahme-Menü – siehe Screenshot) steuern Sie die **AF-Messfelder**. Die Lumix bietet **sechs verschiedene Arten der Messfeldsteuerung**, die wir auf ihren praktischen Einsatz hin untersuchen wollen. Zuvor noch der Hinweis, dass Sie im „iA"-Betrieb den AF-Modus nicht verändern können, da sich die Kamera hier autark für die passende Messfeldsteuerung entscheidet.

Gesichts- und Augen-Erkennung

Der erste AF-Modus der TZ202 ist für das Fotografieren von Personen gedacht. Bis zu 15 Gesichter kann die Lumix erkennen, zudem stellt sie beim zu fokussierenden Gesicht gezielt auf das Auge scharf, das sich näher an der Kamera befindet. Ist die Mehrfeld-Belichtungsmessung aktiv, dann wird zusätzlich auch die **Belichtung** auf das fokussierte Gesicht abgestimmt – sowohl beim Standbild als auch während des Filmens. Dass die Lumix ein Gesicht als solches ausgemacht hat, können Sie am gelben Quadrat erkennen, das auf dem Bildschirm das Konterfei umrahmt. Zudem zeigt sie mit dem gelb-weißen Zielkreuz an, auf **welches Auge** sie fokussiert (Screenshot unten).
Drücken Sie nun den Auslöser an, färbt sich die Umrahmung des erkannten und scharfgestellten Gesichts grün.

Die Größe der Felder passt sich der Abbildungsgröße der Gesichter an, zudem folgt der Autofokus den Antlitzen. So wird vermieden, dass auf den Hinter- oder Vordergrund scharfgestellt wird, wenn das Gesicht nicht zentral im Motivfeld liegt. Bei

mehreren erkannten Personen stellt die TZ übrigens nur jene scharf, die sich in ungefähr gleichem Abstand zum Fotografen befinden.

Tipp: Sie können auf dem Touchscreen das andere Auge antippen, dann verlegt die Lumix die Schärfe dorthin. Zudem lässt sich mithilfe des Einstellrads die Größe des AF-Felds verändern.

PRAXIS

AF-Verfolgung ("Tracking")

Beim AF-Tracking heftet sich der Autofokus an ein Motivdetail und bleibt dran, auch wenn Sie den Bildausschnitt anschließend noch verändern oder wenn sich das verfolgte Detail bewegt. Welchem Detail der Fokus folgt, legen Sie fest. Bringen Sie dazu die weiße **Zielmarke** (Kreis im oberen Screenshot), die sich zu Anfang in der Bildmitte befindet, mit dem gewünschten Motivteil in Deckung und drücken Sie den Auslöser kurz an – oder tippen Sie einfach auf dem Bildschirm an die gewünschte Stelle. Nun färbt sich die Zielmarke gelb, der Fokus passt sich der Entfernung des anvisierten Details an, auch wenn Sie den Ausschnitt noch verändern. Die gelbe Markierung bleibt beharrlich am gespeicherten Detail und passt sich auch dessen Form an (Kreis im unteren Screenshot).

Drücken Sie nun den Auslöser halb herunter, und die Marke wird grün – die Fokussierung ist abgeschlossen, Sie können auslösen. Auch bei der AF-Verfolgung passt sich die **Belichtung** dem anvisierten Motivteil an, sofern Sie mit der Mehrfeldmessung arbeiten.

Das AF-Tracking der Lumix TZ202 ist eine hilfreiche Einrichtung, wenn Sie die absolute Kontrolle über das zu fokussierende Motivdetail behalten wollen und eignet sich für **Makros, Stillleben oder Portraits**. Das Tracking kann natürlich auch mobilen Objekten folgen, stößt aber bei schnellen Bewegungen früh an seine Grenzen – und hat auch nichts mit dem kontinuierlichen Autofokus ("AFC") zu tun.

PRAXIS

49-Feld-AF

Das AF-System unseres Reisezoomers arbeitet mit **49 Messfeldern**, die einen sehr weiten Motivbereich erfassen. Im „iA"-Betrieb sind alle 49 Messpunkte aktiv, die Kamera wählt die passenden aus und gruppiert sie je nach Szene, um eine optimale Schärfe auf dem Hauptmotiv zu gewährleisten. Auch in den anderen Betriebsarten können Sie mit dem 49-Feld-AF arbeiten – und in der Regel stellt die TZ202 recht zielsicher scharf. Zwar können Sie kein einzelnes Feld wählen (dafür gibt es einen eigenen AF-Modus, den wir uns gleich vornehmen), aber Sie können der Lumix die aktiven Messfelder in **Gruppen** vorgeben, sodass nicht alle 49 Punkte berechnet werden müssen. Jede dieser Gruppen besteht aus 9 Feldern (an den Bildrändern aus 4 oder 6) und wird aktiviert, indem Sie im AF-Modus-Menü die untere Taste des Vierrichtungswählers drücken („AF-Feld"). Nun können Sie mit den Richtungstasten, dem Einstellrad oder dem Touchscreen die gewünschte Gruppe aktivieren (unterer Screenshot).

Der Mehrfeld-AF hilft bei Motiven, deren Hauptelemente sich in ungefähr gleicher Entfernung zur Kamera befinden. Zwar ist die Lumix in der Lage, auf das vermeintliche **Hauptmotiv** zu fokussieren, doch dabei wählt sie meist das größte oder das am nächsten liegende Detail. Das mag oft passen, wer jedoch ein bestimmtes Detail im Bild scharfstellen will, der sollte die nächsten AF-Modi ausprobieren.

Multi-Individuell

Dieser AF-Modus basiert ebenfalls auf der Anordnung von Messfeldgruppen, lässt sich aber stärker individualisieren als der 49-Feld-AF. Bei „Multi-Individuell" haben Sie zunächst Zugriff auf eine in der Mitte angeordnete **Messfeldgruppe** (Screenshot), die Sie mit der unteren Taste des Vierrichtungswählers aktivieren und mit dem Einstellrad (für mehr oder weniger Messfelder), den Richtungstasten oder dem Touchscreen individuell anpassen.

Tipp: Drücken Sie im „Multi-Individuell"-Auswahlbildschirm die obere Richtungstaste, dann finden Sie drei vorbereitete Feld-Anordnungen („Horizontal", „Vertikal" und „Zentral") plus drei C-Speicherplätze, auf denen Sie Ihre persönliche Anordnung ablegen können. Auf diese Weise lässt sich die Messfeldsteuerung exakt an ein bestimmtes Motiv anpassen – der Aufwand lohnt sich aber unseres Erachtens nur bei wiederkehrenden Motiven (etwa einem Studioaufbau).

PRAXIS

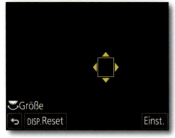

1-Feld-AF

Dieser AF-Modus ist für all jene Motive gedacht, bei denen es auf ein **exaktes Festlegen des Schärfepunktes** ankommt, beispielsweise bei Nahaufnahmen, Portraits oder beim Arbeiten mit langen Brennweiten und geringer Schärfentiefe. Dabei können Sie die AF-Messung auf einen gewünschten Bereich im Motiv beschränken. Dazu drücken Sie im Dialog „AF Modus" beim Einzelfeld-AF nach unten oder berühren Sie das AF-Feld auf dem Touchscreen. Der Messpunkt lässt sich mit dem Einstellrad in seiner Größe verändern und mit den Richtungstasten oder dem Touchscreen über das Motivbild verschieben (unterer Screenshot). Der Auslöser dient als **Schärfespeicher**: Sobald die Fokussierung erledigt ist (Piepton und grüne Einfärbung des AF-Rahmens) und Ihnen das Ergebnis des Autofokus' zusagt, halten Sie einfach den Auslöser auf dem ersten Druckpunkt. Jetzt ist die Entfernung gespeichert und ändert sich nicht mehr, solange Sie den Auslöser nicht durchdrücken oder wieder loslassen. Wenn Sie die Kamera nun verschwenken, bleibt der Fokus am gespeicherten Ort.

Tipp: Um den AF-Punkt in die Mitte des Motivs zu rücken, drücken Sie auf die **„DISP"-Taste.** Diesen Trick werden Sie sicherlich häufiger benötigen, da man das AF-Feld auf dem Monitor gerne versehentlich mit der Wange verschiebt, wenn man durch den Sucher blickt.

Übrigens: Wir arbeiten bei fast allen Kameras mit dem 1-Feld-AF, halten das Messfeld in der Regel klein und zentriert, speichern die Schärfe auf das gewünschte Detail und verschwenken dann zum endgültigen Bildausschnitt.

Punkt-AF („Pinpoint")

Noch genauer als mit dem 1-Feld-AF können Sie mit dem Pinpoint- oder „Punkt-AF" arbeiten, der aber **ausschließlich im AFS-Betrieb** funktioniert. Der Trick: Die TZ schränkt das Messfeld auf ein **winziges Kreuz** ein, mit dessen Hilfe Sie sehr genau fokussieren können. Sobald Sie den „Punkt-AF" aktivieren und den Auslöser andrücken, vergrößert die Kamera den betreffenden Ausschnitt (siehe Screenshot rechte Seite) und stellt scharf. Nun können Sie mit dem Steuerring **manuell nachregeln** (inklusive Focus Peaking) – aber nur, wenn Sie zuvor im Individual-Menü die Funktion **„AF+MF"** aktiviert haben.

PRAXIS

1-Feld- und Punkt-AF eignen sich besonders für Nahaufnahmen. Hier wurde mit Punkt-AF fotografiert, um den Fokus direkt auf den Blütenstempel zu legen. Eine Minus-Belichtungskorrektur um 2 EV macht die Aufnahme plastischer. Foto: Frank Späth

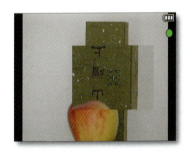

Wenn Sie im AF-Modus-Dialog unter „Punkt" die untere Richtungstaste drücken („AF-Feld"), können mit dem Einstellrad die **Abmessungen** des vergrößerten Bereichs einstellen und ihn mit den Richtungstasten oder via Touchscreen verschieben. Der Trick dabei: Je kleiner Sie den zu vergrößernden Bereich einstellen, desto stärker wird das Detail im Bild herausgezoomt. Der Pinpoint-AF eignet sich hervorragend für **Makros und beim Einsatz der langen Brennweite** mit geringer Schärfentiefe und ist am effizientesten, wenn Sie die Kamera auf dem Stativ befestigt haben. Aber auch bei Portraits leistet dieser AF-Modus gute Dienste, denn damit können Sie genau auf das Auge der Person scharfstellen, falls die Augenerkennung Ihnen nicht zusagt.
Denken Sie daran: Der Punkt-AF arbeitet ausschließlich im **AFS-Modus** und ist bei AFC oder AFF im Menü ausgegraut.

PRAXIS

Makrofotografie mit der TZ202

Im Nahbereich fühlt sich die TZ202 pudelwohl – noch wohler als die Vorgängerin, deren maximale Nahgrenze bei „nur" 5 cm lag. Die TZ202 unterschreitet diese Distanz noch einmal um satte 2 cm. Mit dem Reisezoomer können Sie also technisch gesehen hervorragende Makros und Nahaufnahmen machen und dürfen auch und gerade auf kurze Distanzen mit schnellem DFD-AF und sehr guten Abbildungsleistungen rechnen.

Zunächst müssen Sie die Nahgrenze Ihrer Kamera aber „**freischalten**", denn ohne diese Maßnahme beginnt die Fokussierung der TZ202 erst ab 30 cm Distanz zum Motiv. Drücken Sie also die linke Taste des Vierrichtungswählers (Bild) und wählen Sie „AF-Makro" (Screenshot). Die automatische Fokussierung beginnt dann bei **3 cm Abstand vor der Frontlinse** – allerdings nur, wenn das Zoom auf 24 mm (also der maximalen Weitwinkelstellung) eingestellt ist. Zoomen Sie mehr in Richtung Tele, verändert sich die Nahgrenze fließend zwischen 3 cm und **100 cm** (bei der Endbrennweite 360 mm).

Zusätzlich können Sie die Funktion **„Makro-Zoom"** (allerdings nur im JPEG-Format!) aktivieren und dieses (wie auch das „normale" Makro) sogar mit der „AF-Verfolgung" kombinieren. Das auf dem **Digitalzoom** basierende Makro-Zoom der TZ202 bringt im Nahbereich mehr Flexibilität für die Bildgestaltung. Es verbessert zwar nicht die optische Nahgrenze, doch können Sie in Weitwinkelstellung bei der kürzesten Distanz mit dem Makro-Zoom **bis zu 3fach vergrößern** (also in einem virtuellen Brennweitenbereich zwischen 24 und 72 mm – siehe Screenshot). Das verschlechtert (wegen des digitalen Zoomens) die Bildqualität zwar marginal, macht aber noch deutlich größere Abbildungsmaßstäbe möglich und eignet sich vor allem für sehr kleine Motive – siehe unsere Beispielbilder auf der nächsten Doppelseite.

Wenn Sie ein Makro mit dem 24-mm-Weitwinkel aufnehmen, bekommen Sie – je nach Motiv – einiges an **Hintergrund** ins Bild, auch wenn der 1"-Sensor auch hier für eine vergleichsweise geringe Schärfentiefe sorgt, wie wir im Bild auf der vorhergehenden Seite sehen können. Wenn Ihnen das starke Weitwinkel dennoch

Bei 24 mm Brennweite bietet die Lumix im „AF-Makro"-Modus eine Nahgrenze von 3 cm. Unser Bild entstand an dieser Nahgrenze und zeigt schön, dass der Sensor im Nahbereich auch beim Weitwinkel eine selektive Schärfe ermöglicht. AF-Verfolgung, Blende f/4,5; 1/1000 s; ISO 125. Foto: Frank Späth

PRAXIS

AF-Makro, 24 mm Brennweite, ca. 3 cm Abstand ...

perspektivisch ungeeignet für Makros scheint, dann lassen Sie das „AF-Makro" einfach aktiv und zoomen ans Teleende. Nun können Sie aus 100 cm Distanz mit 360 mm (siehe Screenshot) arbeiten und haben mehr **Freisteller-Potenzial** – müssen aber auch sehr aufpassen, nicht zu verwackeln und verwenden sinnvollerweise ein Stativ (was sich generell für hochwertige Close-ups empfiehlt). Bei dieser Distanz können Sie übrigens auch, falls nötig, den **Blitz** zuschalten, was sich beim Arbeiten mit 24 mm aus kürzesten Distanzen wegen der drohenden Schlagschatten durch das Objektiv bei manchen Motiven allerdings verbietet. Haben Sie die Makro-Funktion aktiviert, dann zeigt die Lumix auf dem Display ein kleines Blumen-Symbol mit dem Zusatz „AF" an (siehe Kreis im Screenshot). Im Falle des Makro-Zooms ist das Symbol zusätzlich mit einer Lupe gekennzeichnet. Zwar können Sie während des Makro-Betriebs auch auf weiter entfernte Motive scharfstellen, doch dauert die Fokussierung dann eventuell etwas länger, denn im Makro-Modus versucht die TZ zunächst, auf die unmittelbare Nähe zu fokussieren.

PRAXIS

... gleiche Brennweite, gleicher Abstand mit dem „Makro Zoom".
Fotos: Frank Späth

Und noch ein Tipp: So komfortabel der „iA"-Modus sein mag, schalten Sie ihn bei Makros ab und übernehmen Sie die Kontrolle! Beispielsweise mit der Programm- oder Zeitautomatik. Auch beim Fokus sollten Sie mit einer **Einengung des AF-Bereichs** arbeiten (1-Feld- oder Punkt-AF), um wirklich auf das gewünschte Detail scharfstellen zu können. Noch besser für Makros: sie **fokussieren manuell** (dazu gleich mehr).

Mit dem Auslöser oder der Messwertspeichertaste können Sie den gewünschten Fokusbereich abspeichern und dann noch leicht den Bildausschnitt verändern. Denken Sie aber daran, dass eine stärkere Verschwenkung der Kamera bei gespeichertem AF mit ziemlicher Sicherheit zu Unschärfen führt, denn bei so kurzen Arbeitsabständen liegen oft nur wenige Millimeter im Motiv zwischen scharf und unscharf. Ähnliches gilt für die Belichtung – vor allem, wenn Sie den Einfeld-AF mit der Spot-Belichtungsmessung koppeln, was sich bei Nahaufnahmen nicht selten anbietet.

PRAXIS

PRAXIS

AF-Makro bei 24 mm Brennweite aus ca. 3 cm Distanz mit Blitzeinsatz. Gut zu sehen, wie knapp der Bereich der Schärfentiefe ist. Das Blitzlicht führt bei diesem Motiv nicht zu störenden Schlagschatten am unteren Bildrand und macht die Szene plastischer. Blende f/3,3; 1/250 s; ISO 125. Foto: Frank Späth

PRAXIS

Manuelle Fokussierung (MF)

Mit der TZ202 können Sie sehr bequem manuell scharfstellen. Stellen Sie dazu den Fokusmodus (linke Richtungstaste) auf „MF". Damit deaktivieren Sie den Autofokus, bestimmen nun mit dem **Steuerring am Objektiv** die Schärfe von Hand und kontrollieren diese auf dem Monitor oder im Sucher.

Manueller Fokus ist ideal für Makros, Portraits, Landschaftsaufnahmen sowie Situationen, in denen der automatische Fokus strauchelt oder sich schlicht und ergreifend irrt (Dunkelheit, extrem viele Details, schmutzige Scheiben im Vordergrund, Gitterstäbe ...). Fotografische Neulinge werden sich vielleicht wundern: Aber die gute, alte Scharfstellung von Hand ist in der anspruchsvollen Digitalfotografie noch lange nicht aus der Mode. Mit ein wenig Übung lernen Sie sehr schnell, wie Sie effizient und flott auf dem Monitor oder im Sucher die Schärfe kontrollieren und beeinflussen.

Dabei hilft Ihnen die Lumix mit der **„MF-Lupe"**, die Sie im Individual-Menü zuschalten sollten und die wir Ihnen im Handling-Kapitel bereits vorgestellt haben. Ist die Lupe aktiviert, dann vergrößert die Kamera das Bild automatisch, sodass Sie leichter auf Details scharfstellen können. Der vergrößerte Bereich lässt sich mit den Richtungstasten oder direkt auf dem Touchscreen verschieben und mit dem Einstellrad vergrößern – das hilft vor allem, wenn die Kamera fest auf einem Stativ montiert ist. Während der manuellen Fokussierung zeigt Ihnen eine Skala auf dem Display an, ob Sie in Richtung Nah- (rechts) oder Fernbereich (links) drehen.

Und noch ein Tipp: Wenn Sie im Individual-Menü / Belichtung unter „AF/AE-Speicher" die Funktion **„AF-ON"** aktiviert haben und im MF-Betrieb auf die Messwertspeichertaste („AF/AE-LOCK") drücken, schaltet die TZ202 kurzzeitig den Autofokus zu und hilft Ihnen beim Scharfstellen spontan auf die Sprünge. Anschließend können Sie wieder manuell nachregeln.

Wichtig: Achten Sie für eine präzise Fokussierung im elektronischen Sucher unbedingt darauf, dass die **Dioptrien-Einstellung** rechts am Okular exakt an Ihre Sehstärke angepasst ist!

Beim großen Bild wurde von Hand auf die Olivenzweige im Vordergrund scharfgestellt. Beim kleinen kam der 1-Feld-AF mit zentralem Messfeld zum Einsatz. Fotos: Frank Späth

Arbeiten mit dem Zoom

In Sachen Zoom hat die TZ202 im Vergleich zur Vorgängerin trotz der gleich geblieben Gehäuseabmessungen deutlich zugelegt – vor allem in Sachen Tele. Der optische Bereich des Leica DC Vario-Elmar endet bei 360 mm (statt der 250 mm bei der TZ101). Mit ihrem auf 15fach angewachsenen Zoombereich wäre die 202 vor wenigen Jahren noch locker als „Ultrazoomer" durchgegangen – allerdings setzen (deutlich voluminösere) Lumix-Modelle wie die FZ82 (20-1200 mm!) heute ganz andere Maßstäbe. Mit ihrem 24-360 mm deckt die 1"-Lumix immerhin den ausgeprägten Weitwinkel- bis hin zum starkem Telebereich ab. Genug für den fotografische Alltag und sogar noch steigerbar. Bevor wir darauf eingehen, noch ein Hinweis zum Thema **Zoombereich**.

Achtung: Brennweite hängt vom Seitenverhältnis ab

24-360 mm bietet die Lumix **nicht grundsätzlich**, auch wenn dies in gelber Schrift oben auf dem Objektiv aufgedruckt ist. Die Angabe bezieht sich nämlich auf das **originäre 3:2-Format** des Sensors. Ähnlich wie die Bildgröße verändert sich der optische Zoombereich, sobald Sie im Aufnahme-Menü unter „**Bildverhältnis**" ein anderes als das eigentliche 3:2-Format des Bildsensors wählen. Denn die drei alternativen Formate **beschneiden** das Bild ja und ändern damit unweigerlich auch die Weitwinkel- und Telewirkung. Bei 4:3 steht der Zoombereich von 26-390 mm, bei 16:9 der Bereich von 25-375 mm und bei 1:1 der Bereich von 31-465 mm zur Verfügung. Anders gesagt: Die kürzeste Brennweite von 24 mm (und damit den größten Bildwinkel) erhalten Sie nur, wenn Sie den Sensor im 3:2-Seitenverhältnis benutzen. Ändern Sie dieses, dann verlängert sich die Brennweite – Sie verzichten auf Weitwinkel, erhalten dafür aber mehr Tele. Die Änderung betrifft vor allem das 1:1-Format – hier wird der Verlust an Bildwinkel schnell sichtbar. Leider zeigt die TZ202 beim Betätigen des Zoomrings nicht die aus dem geänderten Seitenverhältnis resultierenden Anfangs- und Endbrennweite im Zoombalken am unteren Bildrand an. Aber spätestens beim Blick in die Exif-Daten im Bildbearbeitungsprogramm (und natürlich längst vorher beim Blick aufs Motiv) sehen Sie die geänderten Brennweiten.

Wir haben bereits erwähnt, dass auch der **4K-Fotomodus** die Weitwinkel- und Telegrenze verschiebt, ebenfalls abhängig vom gewählten Bildverhältnis und im „Extremfall" auf bis zu 38-570 mm, wenn Sie im 1:1-Format mit 4K arbeiten. Hier zeigt die TZ immerhin den realen Zoombereich im Brennweitenbalken an.

Blaumeise im Spätwinterlicht. Die TZ202 wurde freihand aus ca. drei Metern Distanz mit Endbrennweite und aktiviertem i.Zoom verwendet (= 720 mm). Blende f/6,4; 1/125 s; ISO 320. Foto: Frank Späth

PRAXIS

Auch die Bildgröße bestimmt die Brennweite
Dass neben dem Seitenverhältnis auch die Bildgröße Einfluss auf die Brennweitenwirkung nimmt, haben wir gesehen. Auf dieser Tatsache basiert Panasonics Idee des **„erweiterten optischen Zooms" (EX)**. Hinter dem etwas sperrigen Begriff verbirgt sich ein Phänomen, das uns schon im Handling-Kapitel begegnet ist: Je kleiner die Aufnahmefläche, desto kleiner der Bildwinkel (desto „länger" die Brennweite). Verzichtet der Fotograf also im „Bildgröße"-Menü auf Pixel, so „wächst" das Zoom automatisch in den Telebereich, weil die Aufnahmefläche (und damit der Bildwinkel) ja verkleinert wird. Und ein kleiner Bildwinkel erzeugt eine lange Brennweitenwirkung. Genau diesen Umstand macht man sich beim erweiterten optischen Zoom zu Nutze. Wie der Name schon sagt, wird hier nicht digital, sondern rein optisch gezoomt – und immerhin erreicht man so im 3:2-Format einen bis zu **30fachen** – kombiniert mit dem i.- oder Digitalzoom gar einen **45fachen Zoomfaktor** (bei 5 Megapixel Bildgröße) – das entspricht einer Brennweitenwirkung von **1080 mm**.

Stichwort **„Digitalzoom"**: Beachten Sie bitte, dass Ihnen das Digitalzoom (unabhängig von der Bildgröße) nur dann zur Verfügung steht, wenn Sie im Setup-Menü unter „Monitor-(/Sucher)-**Anzeigegeschwindigkeit 60fps** (statt „ECO-30fps") ausgewählt haben. Zudem ist es bei der TZ202 nicht möglich, i.Zoom und Digitalzoom zu kombinieren.

Und weil das **i.Zoom** ebenso wie das Digitalzoom die Endbrennweite verdoppelt, macht es eigentlich keinen Sinn, das Digitalzoom überhaupt zu verwenden. Denn zum einen arbeitet das i.Zoom qualitativ etwas besser, zum anderen steht Ihnen bei aktivem Digitalzoom lediglich ein großes, sehr pauschales AF-Feld (siehe Screenshot) zur Verfügung. Das macht das zielgenaue Fokussieren auf ein Detail im Motiv schwierig.

Auf der nächsten Doppelseite zeigen wir Ihnen an einem Motivbeispiel die verschiedenen Möglichkeiten der „Verlängerung' der optischen Endbrennweite Ihrer TZ202.

PRAXIS

Ein paar grundlegende Tipps zum Thema Tele

Wir haben gesehen, wie Sie mithilfe der digitalen Zooms, des Bildverhältnisses und schließlich der Bildgröße die Brennweitenwirkung in Richtung Tele erweitern können – immerhin von eigentlich 360 auf über 1000 mm. Worauf Sie bei steigender Brennweite und damit einhergehend immer schmaler werdendem Bildwinkel achten sollten, zeigen wir Ihnen unten.

Zuvor noch der Hinweis, dass die (optische) Brennweite auch die **Lichtstärke des Zooms verändert** – und war relativ schnell. Die Anfangsöffnung von f/3,3 steht leider nur bei 24-26 mm zur Verfügung! Schon bei 50 mm Brennweite beispielsweise sinkt die Offenblende auf f/4,2, und mit jedem Zoomschritt in Richtung Tele fällt sie bis auf f/6,4 (bei 360 mm und mehr) ab. Bedenken Sie diesen Umstand für Aufnahmen bei wenig Licht oder Sport und Action: Die größtmögliche Lichtmenge fangen Sie im Weitwinkelbereich ein.

Abschließend noch ein paar **wichtige Grundregeln** für den richtigen Umgang mit den Endbrennweiten der Lumix:

– *Bevorzugen Sie das i.Zoom als einfachste und effizienteste Art der Brennweitenverlängerung, denn sowohl das Digitalzoom als auch die Reduktion der Bildgröße kosten letzten Endes Qualität*

– *Fotografieren Sie im Telebereich immer mit Bildstabilisator, er arbeitet sehr effektiv. Besser:*

– *Verwenden Sie ein Stativ*

Oder:

– *Stellen Sie per Blendenautomatik („S") möglichst kurze Verschlusszeiten ein (mindestens 1/1000 s)*

– *Arbeiten Sie mit dem elektronischen Sucher und pressen Sie sich die Kamera ans Auge, die Ellbogen dabei möglichst nah am Oberkörper angelegt*

– *Stellen Sie auf 1-Feld-AF, um bei der geringen Schärfentiefe starker Telebrennweiten wirklich das gewünschte Detail zu fokussieren*

– *Schalten Sie die „i.Auflösung" zu („Standard")*

– *Speichern Sie parallel ein RAW, um die durch Lufttrübung und Co. auftretenden Probleme zumindest per Software „nachbessern" zu können*

PRAXIS

24 mm

360 mm

PRAXIS

i.Zoom (= 720 mm)

i.Zoom + Bildgröße S (= 1080 mm)

PRAXIS

Serienbilder

Kommen wir zu einem rasanten Thema, der Serienbildfunktion. Wir haben Ihnen im Handling-Kapitel bereits die Programmierung der verschiedenen Serienbild-Modi im Aufnahme-Menü gezeigt, jetzt wollen wir das Thema noch ein wenig vertiefen und testen, was die TZ202 zu leisten vermag, wenn Sie mit der unteren Richtungstaste (Bild) den Antriebsmodus auf die Serienbild-Position stellen, oder das Aufnahme-Menü (Screenshot links) verwenden.

Die Lumix bietet **drei verschiedene Serien-Geschwindigkeiten**, die sich nicht nur in der erreichbaren Zahl der Bilder pro Sekunde (B/s) unterscheiden. Die schnellste Bildfrequenz erzielen Sie mit „H" („Hohe Geschwindigkeit"). Hier „H" schafft die Lumix bis zu **10 Bilder in der Sekunde**, wenn Sie mit Einzel-Autofokus (AFS) arbeiten. Muss die TZ die Schärfe im AFF- oder AFC-Betrieb indes nachführen, dann reduziert sich die maximale „H"-Frequenz auf immer noch beachtliche **6 Bilder** in der Sekunde. Erwarten Sie aber trotz des wirklich effizient arbeitenden DFD-Autofokus nicht, dass bei diesem Tempo jedes Einzelbild eines womöglich schnell bewegten oder kleinen, oft die Richtung wechselnden Objekts knackscharf auf der Speicherkarte landet!
Achtung: Bei „H" werden im AFS-Betrieb auch die **Belichtung und der Weißabgleich nur für das erste Bild** angepasst und danach beibehalten; bei AFC hingegen misst die TZ jede Aufnahme neu ein – dafür reduziert sich aber die Frequenz stark.
Das Gute am schnellsten Serienbild: Sie können auch hier mit **voller Bildgröße** und auf Wunsch sogar mit dem **RAW-Format** arbeiten. Bis zu 28 Bilder in Folge lassen sich im Rohformat auf einen Rutsch speichern – eine schnelle Karte vorausgesetzt. Aber RAW ist ohnehin nicht das ideale Format für Actionbilder, da es zum einen natürlich die Serie ausbremst und zum anderen bei der späteren Sichtung der Rohdaten am Computer deutlich umständlicher und zeitraubender ist.

Neben „H" bietet die Lumix zwei weitere, langsamere Serienbildmodi: „M" und „L" mit Frequenzen zwischen **7 und 2 B/s**. Sieben Bilder erreicht die TZ mit „M", wenn Sie auf die Fokusnachführung verzichten, mit AFC sind es 6 Bilder in der Sekunde.

PRAXIS

Bei parallel zur Kamera stattfindenden Bewegungen wie hier hat der kontinuierliche Autofokus der TZ202 während des Serienbetriebs leichtes Spiel. Wichtig für solche Actionfotos ist auch eine möglichst kurze Belichtungszeit, hier 1/2000 s bei ISO 500 und Serientempo „H". Fotos: Frank Späth

PRAXIS

In der Praxis ist „M" mit Nachführung unser Lieblingsteam bei der TZ202 – die Trefferquote ist hoch, und sechs Aufnahmen in einer Sekunde reichen für die meisten Szenen locker aus. „M" ist der ideale Serienbildmodus für Actionmotive, beispielsweise spielende Kinder oder Tiere, bei denen Sie die Trefferquote gegenüber dem Einzelbildbetrieb enorm steigern können.
Die geringste Geschwindigkeit bietet das „L"-Serienbild: 2 Bilder pro Sekunde mit AFS oder AFC, Liveview und quasi unbegrenzter Speicherzeit

Stichwort „**Speicherzeit**": „10 Bilder pro Sekunde" heißt nicht, dass die Lumix in 100 Sekunden 1000 Bilder am Stück schießt und speichert. Die Serie verlangsamt sich immer dann, wenn der Pufferspeicher der Kamera gefüllt ist und die Daten an die SD-Karte übertragen werden müssen. Deren **Schreibgeschwindigkeit** ist bei Serienaufnahmen (und für 4K sowie Video) demnach elementar.
Ein kleiner **Test** belegt dies: Mit einer aktuellen SD-Karte der Geschwindigkeitsklasse 10 (U3) speichert die TZ im H-Betrieb bei AFS, und JPEG-Bildgröße L ca. 13 Sekunden lang kontinuierlich mit 10 Bildern/Sekunde und reduziert das Tempo dann nur leicht. Mit der teuren Highend-Karte Panasonic SDXC II V90 U3 schafft die Lumix unter den selben Bedingungen rund zwei Sekunden längere Aufzeichnung, also etwa 20 Bilder mehr, bevor sie kurz pausiert. Mit einer älteren Class 4-Karte kommt der Datenstrom schon nach rund 7 Sekunden spürbar ins Stocken.

Das Fatale an einer langsamen Karten ist die **Wartezeit** während des kompletten Auslagerns der Daten. In dieser Zeit leuchtet das rote Speichersymbol links am Bildschirmrand auf, und die TZ202 ist für weitere Aufnahmen gesperrt. Diese Wartezeit reduziert sich beim Einsatz einer schnellen Karte spürbar. Beachten Sie auch, dass sich beim parallelen Speichern von RAW und JPEG das Schreibtempo noch weiter reduziert.

Tipp: Während der Serie zeigt die Kamera rechts unten auf dem Monitor die voraussichtlich noch zu erwartende Bilderzahl in Serie an (Screenshot). Nach dem Starten der Aufnahme verringert sich die maximale Anzahl der kontinuierlich aufnehmbaren Bilder. Zeigt die TZ „r0", an, dann stockt die Serie, weil erst wieder Daten aus dem Pufferspeicher auf die Karte ausgelagert werden müssen. Wenn „r99+" angezeigt wird, können Sie 100 oder mehr Fotos am Stück aufnehmen.

PRAXIS

Die beeindruckende Brandung an der Küste Portugals haben wir im Serienbildbetrieb „M" mit der TZ202 eingefangen und uns dann aus den gespeicherten Daten die besten Treffer ausgesucht. Blendenautomatik; 1/2000 s; ISO 640; f/6,1; 90 mm Brennweite. Foto: Frank Späth

PRAXIS

Faszination 4K-Foto

8 Megapixel: Das ist die Bildgröße, die Sie bei der 4K-Fotofunktion der Lumix TZ202 zur Verfügung haben. Das ursprünglich aus dem Lumix G-Lager stammende Feature mauserte sich während unserer Arbeiten für dieses Buch immer wieder zu einer **interessanten Alternative** zum klassischen und eben beschriebenen Serienbildbetrieb. Vor allem, wenn es nicht um die maximale Bildgröße von 20 Megapixeln geht, leistet der 4K-Modus gute Dienste beim frustfreien Einfangen schnell bewegter Szenen, denn er bedient sich insgesamt intuitiver als das Serienbild und bietet vor allem für die spätere Ermittlung des besten Schusses mehr Möglichkeiten.

Bevor wir uns die verschiedenen Arten, Actionszenen mithilfe des 4K-Foto-Modus' zu meistern, ansehen, ein paar Anmerkungen zu dieser neuen Art der Fotografie.

Zunächst sollten Sie auch hier eine möglichst **schnelle Speicherkarte** einsetzen – das ist beim 4K-Einsatz sogar noch wichtiger als beim Serienbild. Panasonic empfiehlt in der Anleitung zur TZ202 die Verwendung des UHS-Class-3-Standards (UHS-1 oder UHS-II) – siehe Pfeil im Bild. Wir konnten zwar auch mit hochwertigen Class 1-Karten (Speed 10 – das ist die Zahl im Kreis auf der Karte) im 4K-Foto-Modus arbeiten, empfehlen Ihnen dennoch den Einsatz einer **Class-3-Karte**. Denn beim 4K-Foto fällt **jede Menge Datenmaterial** an. Die Lumix nimmt dabei nämlich ein Video in höchstauflösendem 4K-Format auf (also mit 8 Megapixeln pro Einzelbild) und speichert dabei **30 Filmbilder pro Sekunde**.

Dabei kann die 4K-Foto-Aufnahme (je nach Kartengröße und Restplatz) **bis zu 15 Minuten** dauern, und in dieser Zeitspanne muss die Kamera permanent die Daten aus dem Puffer an die Karte auslagern. Schon eine 10-sekündige 4K-Foto-Aufzeichnung belegt auf der Speicherkarte ca. 130 MB Platz. Steckt also eine flotte und möglichst große Karte im Schacht, dann steht der Actionfotografie mit der TZ nichts mehr im Weg.

Wichtig: Um mit 4K-Foto arbeiten zu können, müssen Sie natürlich die entsprechende Taste (Fn1) auf der Kamerarückseite drücken und den 4K-Foto-Modus auswählen, wie wir das im Handling-Kapitel bereits beschrieben haben. Alternativ können Sie auch das Schnell-Menü benutzen.

Fürs 4K-Foto stehen Ihnen alle vier **Seitenverhältnisse** (4:3; 3:2;16:9 und 1:1) zur Verfügung – und natürlich können Sie auch

PRAXIS

im Hochformat fotografieren, da Sie ja mit dem Ziel arbeiten, später ein Standbild aus dem Video zu extrahieren, und das muss selbstverständlich nicht im Querformat vorliegen. Grundsätzlich lässt sich nur das **JPEG-Format** aus der 4K-Fotosequenz extrahieren (Qualität „Fein"), mit den genannten 8 Megapixeln Bildgröße. Im 4:3-Format enthalten die extrahierten JPEGs 3328 x 2496 Pixel, bei 3:2-Wahl 3504 x 2336, bei 16:9 3840 x 2160 und bei 1:1 mit 2880 x 2880 Bildpunkte. Diese Bildgrößen reichen allesamt für einen fotorealistischen Druck im Format A4 aus.

Das 4K-Foto lässt sich mit Programm-, Zeit-, Blendenautomatik oder manueller **Belichtung** machen, zudem ist es bei vielen der Szene- und Kreativprogramme verwendbar. Es enthält – wie ein „normales" JPEG-Standbild auch alle wichtigen Exif-Aufnahmeinformationen.

Ein paar Dinge lassen sich nicht verändern. So ist bei 4K-Foto beispielsweise grundsätzlich der **elektronische Verschluss** aktiv – mit all seinen Vor- und Nachteilen. Will heißen: Sie können – wenn es das Licht zulässt – Actionszenen mit 1/16.000 s einfrieren und später extrahieren, müssen aber bei manch bewegtem Motiv auch mit Verzerrungen durch den bereits beschriebenen „Rolling Shutter"-Effekt (Bild) rechnen. Ebenfalls fixiert ist bei 4K-Foto das Aufnahmeformat der Filmsequenz: MP4 mit 100 Mbit und logischerweise 30 Vollbildern pro Sekunde. Der **ISO-Wert** kann automatisch gesteuert werden, reicht aber bis maximal ISO 3200. Die Belichtung und der Weißabgleich werden (ähnlich wie beim schnellsten Serienbild) für die erste Aufnahme fixiert und können während der 4K-Fotosequenz nicht beeinflusst werden.

Wichtig zu erinnern: Der 4K-Betrieb (egal ob bei Video oder Foto) führt zu einer **Einengung des Bildwinkels** – Sie haben also nicht das komplette Weitwinkel des DC Vario-Elmar zur Verfügung. Das können Sie ganz leicht beobachten, indem Sie auf den Bildausschnitt achten, während Sie mit dem 4K-Button einen der drei 4K-Foto-Modi zuschalten. Der Bildwinkel wird enger – was natürlich im Umkehrschluss auch bedeutet, dass Sie Telewirkung hinzugewinnen – im 3:2 Format auf bis zu 540 mm optisch.

PRAXIS

Bevor Sie loslegen, müssen Sie einen der **drei 4K-Foto-Modi** aktivieren.

Modus 1: „4K-Serienbilder"

Standardmäßig eingestellt ist der erste Modus „4K-Serienbilder". Er verhält sich ähnlich wie das Serienbild: Sie starten die Aufnahme, indem Sie den **Auslöser durchdrücken (A) und gedrückt halten**. Jetzt nimmt die TZ202, solange Sie den Auslöser durchdrücken (bis maximal 15 Minuten), mit 30 B/s auf und simuliert mit akustischem Stakkato ein Verschlussgeräusch. Ein wenig nervig und erfreulicherweise im Individual-Menü unter „Stummschaltung" abschaltbar (Tipp). Der AF kann auf Nachführung (AFC) gestellt werden, braucht aber ein wenig Zeit, bis er bei Entfernungsänderungen alles korrigiert hat; Ton nimmt die Kamera im ersten 4K-Modus nicht auf. Nutzen Sie „4K-Serienbilder" für das Einfangen von „planbarer" Action, wie zum Beispiel die Verfolgung eines Läufers oder Autos (aber möglichst nicht frontal auf die Kamera zu).

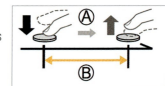

Modus 2: „4K-Serienbilder S/S"

Beim zweiten Modus, **„4K Serienbilder S/S"** („Start/Stop") genannt, starten Sie die Aufnahme durch **einmaliges Durchdrücken** des Auslösers (C). Jetzt speichert die Kamera wieder einem MP4-Film mit 30 B/s (ebenfalls bis zu 15 Minuten lang, E), und Sie beenden die Sequenz, indem Sie erneut auf den Auslöser drücken (D). Das macht vor allem bei langen 4K-Serien Sinn, da Sie

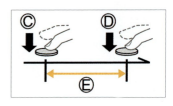

nicht die ganze Zeit den Auslöser gedrückt halten müssen. Auch hier führt die Lumix auf Wunsch den Fokus nach (braucht aber nach unserer Erfahrung noch ein wenig länger als im ersten Modus) und verzichtet auf die Geräuschkulisse. Zudem zeichnet sie auch den **Ton** mit auf, der sich allerdings nicht in der Kamera sondern erst am PC abhören lässt.
Im „S/S"-Modus lassen sich während der Aufnahme sogenannte **Marker setzen**, also Speicherpunkte, die besonders interessante

Szenen enthalten und die Sie später in einer womöglich minutenlangen 4K-Sequenz schneller wiederfinden können. Drücken Sie einfach auf die **„Fn1"-Taste**, wenn Ihnen während der Serie etwas im Motiv gefällt. Bis zu 40 solcher Marker lassen sich während der Aufzeichnung setzen. Bei der Wiedergabe in der Kamera können Sie dann mit der rechten Taste des Vierrichtungswählers von Marker zu Marker springen. Sie sehen: Der „S/S"-Modus eignet sich vor allem für eine längere Aufnahmedauer (etwa die Beobachtung spielender Kinder oder tobender Hunde) und liefert quasi nebenbei später noch ein vollwertiges 4K-Video, inklusive Ton.

Modus 3: „4K Pre-Burst"

Gänzlich anders funktioniert der dritte 4K-Foto-Modus der Lumix TZ202. „Pre-Burst" bedeutet wörtlich **„Vor dem Serienbild"** und meint eine recht clevere Technik: Denn die Lumix speichert in diesem Modus bereits Bilder ab, wenn Sie den Auslöser nur andrücken und auf dem ersten Druckpunkt halten (F). Sie lagert aber die Daten nicht auf die SD-Karte aus, sondern behält sie **zunächst im Pufferspeicher**, den sie jede Sekunde wieder mit neuen Daten überschreibt (G). Drücken Sie den Auslöser durch, weil im Motiv

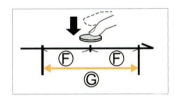

etwas Spannendes passiert, dann schreibt die Kamera die letzte Sekunde aus dem Pufferspeicher auf die Karte und zusätzlich die Sekunde nach dem Drücken des Auslösers. Sie haben also eine Auswahl von 60 4K-Standbildern auf der Karte, die Gesamt-Aufnahmezeit beträgt maximal **2 Sekunden**.

Der Pre-Burst-Modus ist vor allem für Motive gedacht, die **nicht vorab erahnen lassen**, wann die interessanteste Szene ansteht (z. B. beim Zerplatzen eines Ballons). Drücken Sie den Auslöser an, beobachten Sie das Motiv in aller Ruhe und drücken Sie erst dann durch, wenn die Szene passt. Durch die 1-sekündige Vorpufferung steigt die Chance, dass die interessante Szene komplett auf der Karte landet.

Hinweis: Bei allen 4K-Foto-Modi lässt es sich auch **manuell (vor)fokussieren**, was (ähnlich wie beim „echten" Videodreh) in vielen Fällen mehr Sinn als die AF-Nachführung macht.

Standbilder aus 4K-Fotoserien extrahieren

Ist die 4K-Fotoserie beendet und möchten Sie sofort danach eines oder mehrere Bilder extrahieren, dann warten Sie einfach ab, bis die Bilder gespeichert sind. Die Lumix rechnet kurz und zeigt die Serie dann als kleinen **Bilderstapel** am unteren Bildschirmrand an (siehe Screenshot unten links). Mit dem Zeigefinger (oder den Richtungstasten bzw. dem Einstellrad) können Sie nun durch den Stapel bis zum gewünschten Bild blättern (Screenshot unten rechts).

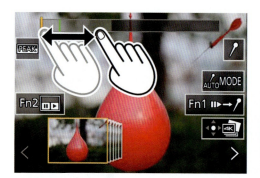 

Um das jeweils groß angezeigte Bild zu extrahieren, drücken Sie jetzt auf die „MENU/SET"-Taste und bestätigen „Bild speichern" mit „Ja". Das Foto landet als JPEG mit 8 Megapixeln Bildgröße und Exif-Daten auf der SD-Karte. Sie können beliebig viele Einzelbilder aus einer 4K-Foto-Sequenz herausschneiden und abspeichern.

Sie müssen das Foto aber nicht unmittelbar nach der Aufnahme extrahieren. Wenn Sie während der **Anzeige** der 4K-Serie oben links auf das Symbol „**4K-Wiedergabe**" (Kreis im Screenshot links) und dann auf die „Fn2"-Taste oder die obere Richtungstaste drücken, erhalten Sie am unteren Bildschirmrand Steuerbuttons, mit denen Sie ebenfalls zur gewünschten Szene in der Sequenz navigieren können, einzelbildgenau mit dem Symbol rechts. Um ein Einzelbild aus der Serie besser kontrollieren zu können, zoomen Sie mit dem Zoomring oder durch Fingerspreizen auf dem Touchscreen hinein.

TIPP

4K-Standbilder nachträglich am Computer extrahieren

Auch am PC lassen sich aus den gespeicherten 4K-Fotosequenzen ohne großen Aufwand nachträglich Einzelbilder extrahieren. Flott und kostenlos geht das mit dem bekannten VLC-Mediaplayer (Download unter www.videolan.org/vlc) für Windows, Linux- und Mac-Rechner. Wählen Sie zunächst in den VLC-Einstellungen „Video"/„Videoschnappschüsse" als Bildformat „jpg" aus.

Nun starten Sie das 4K-Video im Player. Am besten zuvor unter „Wiedergabe" die Wiedergabe-Geschwindigkeit auf „Langsam" stellen. Mit der Leertaste können Sie den Film an der gewünschten Stelle pausieren. Um das angezeigte Bild zu speichern, gehen Sie unter „Video" und klicken auf „Schnappschuss" (siehe Kreis im Screenshot unten). Das Foto wird nun als JPEG im zuvor angegebenen Zielordner oder auf dem Desktop des Computers mit 8 Megapixel Bildgröße abgespeichert. Auf der nächsten Doppelseite sehen Sie Beispiele für mit VLC extrahierte Bilder aus einem 4K-Video.

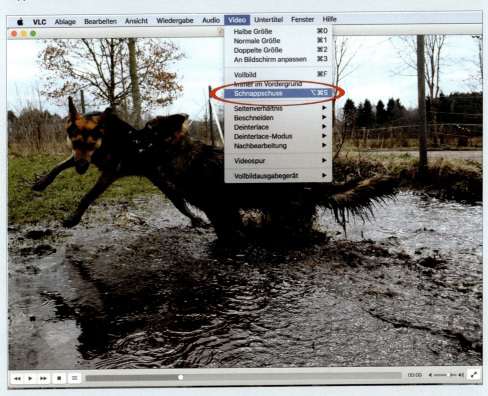

PRAXIS

Bonnie und Luis beim Schlammcatchen. Solche Szenen fängt man am besten in einem 4K-Video ein, aus dem später die besten Szenen herausgeschnitten werden. Hier mit dem VLC-Mediaplayer. Fotos: Frank Späth

PRAXIS

PRAXIS

Videos drehen mit der TZ202

In Sachen Bewegtbild präsentiert sich die TZ202 auf einem deutlich höheren Niveau als typische Kameras ihrer Größen- und Gewichtsklasse. Video-Spezialist **Daniel Coenen** gibt Ihnen zum Abschluss unseres Buches ein paar unverzichtbare Grundregeln an die Hand; denn Filmen setzt ein in vielen Punkten völlig anderes Vorgehen als Fotografieren voraus.

Der kreative Videomodus auf dem Modusrad (Kreis) und die rote Videostarttaste rechts neben dem Auslöser sind die zentralen Steuerelemente fürs Filmen mit dem Travelzoomer.

Die **4K-Videoauflösung** war bei der Vorstellung der TZ101 die große Neuerung des Video-Modus – klar, dass der jüngste 1"-Travelzoomer ebenfalls in dieser extrem hohen Auflösung filmen kann.

Handling und Menüs im Filmmodus hat auch die TZ202 in einigen Punkten von den großen G-Modellen geerbt – auch wenn sie ohne Features wie externen Mikrofonanschluss oder Kopfhörerausgang auskommen muss. Dafür hat die TZ einige praktische Möglichkeiten spendiert bekommen, wie beispielsweise das „Snap-Movie". Es erlaubt Videoschnappschüsse, für die der Nutzer sehr einfach gezielte Schärfeverlagerungen programmieren kann.

PRAXIS

Außerdem lassen sich die Effektfilter im kreativen Filmmodus anwenden, und in den Foto-Modi kann die Kamera ebenfalls in 4K-Qualität filmen.

Im letzten Teil unseres Buchs zur Kamera werden wir die wichtigsten Fragen rund ums Filmen beantworten: Wir zeigen auch, wie Sie Ihre Kamera optimal konfigurieren, um auf alle wichtigen Funktionen schnell zugreifen zu können.

4K oder Full-HD für den Dreh?

Die 4K-Auflösung bietet Filmern eine große Palette neuer Möglichkeiten. Ihre erste Wahl bei der Aufnahmequalität sollte daher **4K 30 p oder 25p** sein. Das kleine „p" steht für „progressive" und bedeutet, dass Vollbilder aufgenommen werden – bei 25p sind es 25 in jeder Sekunde. Für TV-Produktionen im hiesigen PAL-Standard ist diese Framerate üblich. Alternativ steht der 4K-Modus auch mit 24 Vollbildern zur Verfügung – eine Bildrate, die bei Kinoproduktionen genutzt wird. Visuell unterscheiden sich die beiden Bildraten nicht. Filmlook im Sinne einer Bewegtbilddarstellung mit leichtem „Stottereffekt" und ausgeprägter Bewegungsunschärfe – eben wie im Kino – ist mit beiden möglich. Den 24p-Modus sollten Sie nur vorziehen, wenn Sie einen Film für die Kinoauswertung drehen und alle beteiligten Kameras mit dieser Bildrate filmen.

Die Vorteile von 4K

Selbst wenn Sie keinen Fernseher oder Monitor mit 4K-Auflösung besitzen und Sie Ihre Videos in Full-HD schneiden (sogar in der Kamera mit „4K Live Schneiden") und ausgeben wollen – die vervierfachte Auflösung hat zahlreiche Vorteile:

Von 4K auf Full-HD **herunterskalierte Aufnahmen** haben üblicherweise eine bessere Qualität als Full-HD-Clips. Mit 4K als Ausgangsformat sehen die Aufnahmen zudem meist deutlich schärfer und rauschärmer aus und zeigen weniger Artefakte.

4K-Videos haben **genug Bildgröße**, um daraus Standbilder zu extrahieren. Tipp: Genau wie bei der 4K-Foto-Funktion können Sie auch bei 16:9-Aufnahmen schon in der Kamera aus dem Video Standbilder extrahieren, indem Sie den Clip wiedergeben, an der passenden Stelle pausieren und dann die Menü/Set-Taste drücken. Die hohe Auflösung erlaubt ein **Stabilisieren** verwackelter Aufnahmen ohne wesentlichen Qualitätsverlust – selbst wenn die Stabilisierungsfunktion der Schnittsoftware deut-

PRAXIS

lich ins Videobild einzoomen muss, um Ruckler und Wackler auszugleichen.

Wichtigster Vorteil von 4K: die Möglichkeiten zur **nachträglichen Korrektur des Bildausschnitts**: Egal, ob beispielsweise der Horizont schief ist oder von der Seite ungewollt eine Person ins Bild läuft – im Schnittprogramm wird einfach der gewünschte Ausschnitt herausvergrößert, ohne dass es zu einem Qualitätsverlust kommt. Eine solche Korrektur ist in wenigen Sekunden erledigt. Ebenso können Sie auch regelrecht an Ihr Motiv heranspringen und so eine zweite Kamera simulieren.

Noch mehr Abwechslung im Schnitt erzielen Sie durch simulierte Kamerafahrten, Schwenks oder Zoomfahrten – auch direkt beim Filmen mit der „4K-Live Schneiden"-Funktion, die wir Ihnen im Handling-Kapitel bereits vorgestellt haben. Selbst unbewegten Aufnahmen vom Stativ hauchen Sie so Leben ein.

Tipp: Wenn Sie im Schnitt mit späteren Fahrten und Ausschnittsvergrößerungen spielen wollen, sollten Sie die Aufnahmen eher weitwinklig halten.

Die Nachteile von 4K

Im Prinzip gibt es nur wenige Gründe, mit der TZ202 nicht in 4K zu filmen. Hier die wichtigsten:

Der **Speicherplatz** auf Ihrer SD-Karte geht zur Neige: Bis zu 800 MB pro Minute werden benötigt, selbst auf eine 64 GB-Speicherkarte passen nur rund anderthalb Stunden Videomaterial in 4K. Denken Sie also daran, immer genug Speicherkarten mitzunehmen. Für 4K-Aufnahmen empfiehlt Panasonic zwar Karten der UHS-Geschwindigkeitsklasse 3 (U3). Mit vielen Karten der nächstlangsameren Klasse 10 (Class 10/U1) konnten wir aber auch problemlos filmen.

Die Videos sollen **ohne Umweg über den PC** auf einem Smartphone oder Tablet bearbeitet und geteilt werden. Kopieren können Sie Videoclips im MP4-Format in Full-HD sogar per WiFi. Dazu muss nur die kostenlose Panasonic „Image App" installiert sein. Für 4K-Bearbeitung sind Mobilgeräte in der Regel noch nicht leistungsfähig genug. Full-HD-Aufnahmen können aber zum Beispiel auf Apples iPhones und iPads mit günstigen und erstaunlich komplexen Videobearbeitungs-Apps wie iMovie oder Pinnacle Studio editiert werden – praktisch für unterwegs!

Eine **schnellere Bildrate** als die im 4K-Modus möglichen 30 Vollbilder pro Sekunde ist gewünscht. In Full-HD kann die TZ auch in 50/60p filmen, also mit 50/60 Vollbildern. Das verbessert die Bewegungsdarstellung und den Schärfeeindruck bei Action-Szenen. Außerdem kann man im späteren Schnitt durch Verlangsamen der Aufnahmen einen Zeitlupen-Effekt erzeugen.

Basics gegen typische Video-Fehler

Zunächst einige **Tricks für Gelegenheitsfilmer**, die die Kamera normalerweise in den Foto-Modi nutzen.

Helligkeitsschwankungen

Die Belichtungsautomatik führt bei Schwenks zwischen unterschiedlich hell beleuchteten Motiven in vielen Fällen weich und unauffällig nach. Störend kann das automatische Nachregeln jedoch sein, wenn das Hauptmotiv beispielsweise Personen in einem Innenraum sind, durch eine Kamerabewegung oder eine sich öffnende Tür aber der Bildhintergrund abrupt aufgehellt wird. Hilfreich ist hier die **AF/AE-Lock-Taste**. Im Werkszustand ist sie mit dem Messwertspeicher („AE Lock") belegt: Drücken und Halten speichert den derzeitigen Belichtungswert. Auch während der Videoaufnahme funktioniert das. Wird die Funktion „AF/AE Speicher halten" im Individual-Menü „Fokus/Auslöser' aktiviert, speichert einmalige, kurze Betätigung die Belichtungswerte und erneuter Druck sorgt dafür, dass die Belichtung wieder nachgeregelt wird. Die manuelle **Belichtungskorrektur** über die obere Richtungstaste ist in den Foto-Modi übrigens nur vor Aufnahmestart möglich. Nur der kreative Videomodus erlaubt die **Belichtungskorrektur** auch während der Aufnahme.

Fokus-Pumpen

In der Werkseinstellung führt der AF beim Filmen immer automatisch die Schärfe nach. Bei vielen Motiven führt das zu lästigen, oft unkontrolliert wirkenden Schärfeverlagerungen während der Aufnahme. Mehr Kontrolle über den Schärfepunkt in Ihren Filmen erhalten Sie durch gezieltes Fokussieren. Dazu deaktivieren Sie den „Dauer-AF" im Video-Menü. Nun können Sie – wie beim Fotografieren – jederzeit vor oder während der Aufnahme scharfstellen, indem Sie den Auslöser halb herunterdrücken. Am präzisesten geht das bei Nutzung des **1-Feld-AF**. Besonders bequem lässt sich die Schärfe mit der **Touch-AF-Funktion** verlagern, die Sie in den „Touch-Einstellungen" des Individual-Menüs „Betrieb'

aktivieren können. Bei aktivem Touch-AF reicht es, das scharfzustellende Bilddetail auf dem Monitor anzutippen – schon wird die Schärfe wie von Geisterhand nachgezogen.

Achtung Farbverschiebungen!
Oft sieht man in Amateurvideos einen Farbdrift, sobald sich die farbliche Zusammensetzung des Motivs oder die Lichtverhältnisse leicht ändern: Ein Schwenk über die orangefarben gestrichene Wand interpretiert die Kamera als Kunstlicht – die Farbabstimmung der Aufnahme kippt leicht ins Bläuliche. Schuld ist der beim Fotografieren durchaus sinnvolle automatische Weißabgleich, der aber auch beim Filmen kontinuierlich nachregelt. Stellen Sie den Weißabgleich vor der Aufnahme über die WB-Taste (rechte Richtungstaste) statt auf Automatik (AWB) auf ein der Lichtsituation entsprechendes **Preset**. Profis nutzen vor jeder Aufnahme die manuelle Weißabgleichseinstellung, für die die TZ vier individuelle Speichersets (siehe Screenshot) bereitstellt.

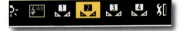

Videoeinstellungen

Alle Einstellungen, die das Videobild beeinflussen – wie Aufnahmequalität oder Bildstil – legen weitgehend fest, in wie weit Sie später in einer Videoschnittsoftware Ihre Clips noch bearbeiten und verändern können. Im Gegensatz zum Foto-Modus, bei dem Sie im Rohdatenformat aufnehmen können und so erst am Rechner wichtige Bildparameter vom Weißabgleich über die Farbabstimmung bis zur Schärfung festlegen, hat der Video-Modus kein RAW-Format. Deshalb schwören viele Filmer darauf, **mit einem möglichst flachen, kontrastarmen Bildprofil** zu arbeiten. Ziel dabei ist ein großer Dynamikumfang: Helle Bildbereiche sollen möglichst spät ausfressen und in dunklen Bereichen soll viel Zeichnung erhalten bleiben. Wenn hingegen in Teilen des Bildes die Farbkanäle bereits übersteuert sind, können die entsprechenden Bereiche in der Farbkorrektur kaum noch ohne Artefakte verändert werden. In diesem Kapitel geben wir einige Tipps zu den richtigen Videoeinstellungen für verschiedene Zwecke.

Was die auch fürs Filmen auswählbaren **Bildstile** angeht, beachten Sie bitte: Einen guten Mittelweg zwischen Bearbeitungsmöglichkeiten und gefälligem Look bietet das „**Natürlich**"-**Bildprofil**. Es ist sehr neutral abgestimmt und eignet sich gleichermaßen für Fotos und Videos. Profile wie „Lebhaft" oder „Monochrom" mögen zwar genau wie die im Video-Modus zur Verfügung stehenden Kreativ-Filter verlockend sein. Aber Vorsicht: Der einmal eingestellte Look ist quasi eingebrannt, er lässt sich nachträglich nicht mehr korrigieren. Besser ist es, mit einem neutralen Bildprofil zu arbeiten und **Effekte erst im Schnitt hinzuzufügen**.

Kamerakonfiguration für kreative Filmer

Beim Filmen muss der Nutzer flexibel auf Lichtstimmungen, Standort- und Motivwechsel reagieren können – nicht immer bleiben Fokus und Belichtung vom Anfang bis zum Ende einer Aufnahme gleich. Um hier nicht der Kamera die Entscheidung für die richtige Entfernung oder Bildhelligkeit zu überlassen, sollten die wichtigsten Bildparameter so konfiguriert sein, dass sie möglichst leicht und schnell beeinflusst werden können. Die TZ202 erlaubt weitreichende Anpassungen an verschiedenste Szenarien: Von verschiedenen AF-Modi über programmierbare Funktionstasten bis hin zu speicherbaren benutzerdefinierten Einstellungen („C"). Im Folgenden zeigen wir, wie kreative Filmer die bestmögliche Kontrolle über die Bildparameter gewinnen:

Weißabgleich

Ein sorgfältiger Weißabgleich ist beim Videofilmen wichtiger als beim Fotografieren, denn die Korrektur eines Farbstichs in Video-Clips ist nur in Grenzen möglich und mit Aufwand verbunden. In Mischlichtsituationen oder beim Licht von Leuchtstoff- oder LED-Lampen, sowie generell bei besonders wichtigen Aufnahmen ist ein **manueller Weißabgleich** („Weißabgleich einstellen") ratsam: Stellen Sie über die WB-Taste eines der vier nummerierten individuellen Weißabgleichs-Presets ein, drücken Sie die obere Taste, richten Sie den gelben Rahmen auf eine weiße Fläche aus und drücken Sie „MENU/SET". Wenn Sie bei einem Dreh zwischen mehreren Orten mit unterschiedlichem Licht hin- und herwechseln, lassen sich so bis zu vier Presets individuell einrichten.

Fokussierung

Profis nutzen die manuelle Scharfeinstellung, um jederzeit kontrollieren zu können, wo im Bild die Schärfe liegt. Trotzdem kann der AF eine wertvolle Hilfe bei schnellen Motivwechseln oder in unvorhergesehenen Situationen sein. Größtmöglichen Komfort bei maximaler Kontrolle erhalten Sie so: Deaktivieren Sie den „Dauer-AF" im Video-Menü und stellen Sie den Fokusmodus mit der

PRAXIS

linken Richtungstaste auf „MF" für **manuelle Scharfeinstellung**. Programmieren Sie im Individual-Menü unter „Betrieb"/„Fn-Tasteneinstellung" eine Funktionstaste auf „**AF-EIN**". Sofern Sie die AF/AE-Lock-Taste nicht für die Belichtungsspeicherung nutzen, können Sie sie alternativ mit der „AF-EIN"-Funktion belegen (siehe Screenshot).
Aktivieren Sie „Focus Peaking" und „MF-Anzeige" und stellen Sie die „MF-Lupenanzeige" auf „PIP". Nun können Sie die Schärfe **manuell über den Steuerring** am Objektiv ziehen. Als Hilfe zum manuellen Fokussieren hebt das Focus Peaking scharfe Objektkanten farblich hervor und beim Drehen des Rings zeigt Ihnen ein Balken die Drehrichtung an. Zusätzlich wird der mittlere, durch einen angedeuteten Rahmen gekennzeichnete Bildschirmbereich beim Fokussieren herausvergrößert. Während diese Bild-im-Bild-Anzeige angezeigt wird, können Sie über das Einstellrad die Vergrößerung regeln und über den Vierrichtungswähler oder per Touchscreen den Rahmen verschieben. Zurückgesetzt in die Bildmitte wird das „Bild im Bild" wie beim Standbild durch Druck auf die „DISP"-Taste.

Wenn es schnell gehen muss, haben Sie in dieser Konfiguration trotzdem noch die Möglichkeit, vor Aufnahmestart oder während der Aufnahme durch Betätigen der „AF-ON" zugewiesenen Taste schnell scharfzustellen. Alternativ können Sie auch auf dem Touchscreen den Fokusrahmen auf den scharf zu stellenden Bildbereich ziehen. Natürlich funktioniert das nur, wenn die Touch-Funktion nicht im Individual-Menü abgeschaltet wurde.

Eine noch bequemere und vor allem präzisere Methode des automatischen Fokussierens bietet der **Touch-AF**. Hier können Sie den Fokusrahmen nämlich nicht nur im mittleren Bereich des Monitors hin- und herschieben, sondern bis zum Bildrand fokussieren. Außerdem funktioniert der Touch-AF auch, wenn der Nutzer durch den Sucher blickt statt aufs Display zu schauen.
Tipp: Für ästhetische Schärfeverlagerungen von einem Motiv im Nahbereich auf etwas weiter Entferntes ist der Touch-AF weniger gut geeignet, da der Autofokus nicht selten etwas über das Ziel hinausschießt und dann wieder auf den endgültigen Schärfepunkt zurückfährt. Das geschieht in einem Sekundenbruchteil und fällt nicht bei jedem Motiv störend auf. Dennoch wirkt es weniger professionell als eine weiche, manuelle Schärfeverlagerung.

PRAXIS

Schärfeverlagerungen

Gezielte, manuelle Schärfeverlagerungen, wie man sie von Kinofilmen kennt, können Sie selbst dann durchführen, wenn der MF-Modus der TZ202 gar nicht aktiviert ist. Im Individual-Menü „Fokus/Auslöser" muss dazu nur die Funktion „AF+MF" angeschaltet sein. Sie können dann zu Beginn einer Aufnahme durch Andrücken des Auslösers den Ausgangspunkt fokussieren und – bei weiterhin angedrücktem Auslöser – mit dem Steuerring die Schärfe auf den Endpunkt ziehen.

Besonders effektvoll wirkt es, wenn der Fokus von einem Detail sehr nahe vor dem Objektiv auf etwas weit Entferntes oder den Horizont verlagert wird. Je länger die Brennweite, desto stärker ist der Effekt. Üben Sie die Schärfeverlagerung einige Male vor der Aufnahme, damit Sie den Steuerring in die richtige Richtung drehen und achten Sie auf die „MF-Anzeige" (Individual-Menü) am unteren Bildschirmrand (Screenshot links): Merken Sie sich dort ungefähr die Start- und Endposition, die Sie mit dem Steuerring abfahren wollen.

Hilfreich beim Schärfeziehen ist das **Focus Peaking**: Wenn Sie im Individual-Menü eine Funktionstaste mit dem Peaking belegen, können Sie es per Tastendruck aktivieren und zwischen High und Low umschalten: Bei „High" – durch ein „Peak H"-Symbol im Display gekennzeichnet – wird beim Drehen des Fokusrings ein engerer Bereich farblich hervorgehoben. So ist eine besonders präzise Fokussierung möglich. Diese Einstellung macht gerade **bei 4K-Aufnahmen** Sinn, da aufgrund der hohen Auflösung jede kleine Fehlfokussierung im Bild sichtbar wird. Bei der Einstellung „Low" („Peak L") ist die Empfindlichkeit niedriger und der Bereich, in dem das Peaking zu sehen ist, vergrößert sich. In Situationen mit wenig Licht oder bei geringen Motivkontrasten wird das Peaking oft überhaupt erst bei „Low" sichtbar.

Im Individual-Menü unter „Focus Peaking" können Sie unter „Set" außerdem die Farbe des Peakings getrennt für die beiden Empfindlichkeitsstufen wählen. Je nach vorherrschender Farbstimmung Ihres Motivs sollten Sie sich hier eher für die jeweiligen Komplementärfarben entscheiden. Bei rot-oranger Bühnenbeleuchtung sind beispielsweise im Peaking die Blautöne gut sichtbar.

INDEX

1-Feld-AF 133, 230
1/16.000 s 144
1ST 174
2ND 174
49-Feld-AF 229
4K 259
4K Foto 74
4K Pre-Burst 253
4K-Foto 49, 250
4K Foto-Mengenspeicher 121
4K-Serie 124
4K-Serienbilder 50, 252
4K-Serienbilder Pre-Burst 50
4K-Serienbilder S/S 50, 252
4K-Standbilder 255
4K-Wiedergabe 254

A

Abblendtaste 145
Adobe Camera RAW 184
Adobe Photoshop 70
Adobe RGB 31
AF-Bereich 235
AF-Betriebsart 222
AF-Feld-Anzeige 85
AF-Hilfslicht 83
AF-Makro 232
AF-Modus 29, 227
AF-ON 82, 238
AF-Punkt-Anzeige 83
AF-Punkt zentrieren 230
AF-Verfolgung 228
AF/AE-Lock 82, 132, 225
AF/AE-Speicher halten 82
AF+MF 85, 265
AFC 224
AFF 224

AFS 222
AFS/AFF/AFC 28
Akku 159
Akkupack 159
Anzeigedauer 93
Anzeige drehen 127
Anzeige für drahtlos. 106
Anzeige Mein Menü 115
Aufhellblitz 171
Auflösung 176, 178, 180
Aufnahmefeld 97
Aufnahme austarieren 78
Aufnahme-Menü 26
Aufnahme-Qualität 76
Aufnahmeformat 76
Augensensor 111
Augensensor-AF 83
Auslöser halb drücken 82
Auslöser-AF 82
Auto Mischen 66
Auto-Ausrichten 60
Auto-Blitz 171
Autofokus 220, 222
Autofokus-Messfelder 29
Autowiedergabe 93
Available Light-Fotografie 44
AVCHD 76
AWB 192
AWBc 192

B

Balance 84
Bedienelemente 18
Biensperre 86
Beleuchtungsverhältnisse 63
Belichtungsmesser 96
Belichtung messen 131

INDEX

Belichtung steuern 136
Belichtungs-Bracketing 58
Belichtungs-Modus 73
Belichtungskorrektur 148, 261
Belichtungsreihen 150
Belichtungsspeichertaste 132
Benutzerspezifisch 162
Bereich mischen 124
Bereich mischen 66
Beugung 43, 142
Beugungskorrektur 43
Bewegung einfrieren 100, 158
Bildersortierung 127
Bildfarbe 138
Bildgröße 28, 176
Bildqualität 176
Bildrauschen 218
Bildsensor 12, 121, 179, 199
Bildstil 30, 162, 262
Bildverhältnis 27
Bildwiederholfrequenz 110
Bildzähler 58
Blende 142
Blenden 77
Blenden-Bracketing 58
Blenden-Priorität 142
Blendenautomatik 100, 144
Blendeneffekt 87
Blitz-Synchro 40
Blitz-Synchronisation 174
Blitzkorrektur 40
Blitzlicht 36, 170
Blitzlicht korrigieren 175
Blitzlicht-Modus 36, 171
Bluetooth 105
Bracketing 58, 150
Brennweite 121, 240

C

C-Speicherplätze 21
Cropfaktor 121
Cursortasten 18
Custom 90

D

Dateigröße 179
Dateinamen 112
Dateisystem 114
Dauer-AF 78, 263
Dauerbelichtung 147
Dauerbelichtungen 216
Dauerlicht 130
DEFLT 90
Demo-Modus 114
Dessert 158
DFD 64, 220, 222, 224
Diashow 117
Digitalzoom 47, 242
Digitale Abblendtaste 87
Dioptrien-Einstellung 238
Direktfokusbereich 84
Drehen 127
Dynamischer Bereich 60

E

Effekte 77, 127
Einstellrad 20, 90
Einstellung für AF-Punkt 83
Einstellung für Bediensperre 90
Einzel-Autofokus 222
Elektronischer Verschluss 54
Empfindlichkeit 29
Erweiterte ISO 81, 196
Erweitertes optisches Zoom 28, 242
ESHTR 54, 144

INDEX

EX 28, 242
Exact 92
Exif-Daten 127

F
Farbfilter 162
Farbraum 31
Farbsättigung 30
Farbverschiebungen 262
Fein 182
Fernauslöser 160
Fernsteuerung 104, 106
Feuerwerk 124
Filter-Einstellungen 31
Firmware-Anzeige 112
Firmware-Update 113
Flexibler AF 224
Flimmer-Reduzierung 78
Fn-Tasten 133
Fn-Tasteneinstellung 86
Focus 84
Focus Peaking 65, 94, 265
Focus Stacking 59, 66
Fokus-/Auslöse-Priorität 84
Fokuswechsel für Hor./Vert. 84
Fokus ziehen 77
Fokus-Betriebsart 222
Fokus-Pumpen 261
Fokusmessfelder 227
Fokusmodus 28
Format 114
Full-HD 259
Funktionstasten 19

G
G81 210
Gammakurve 34

Gegenlicht 153
Geotagging 109
Gesichts- und Augen-Erkennung 98, 121, 173, 227
Gesichtsregistrierung 98
Gitterlinie 95
Glitzerndes Wasser 156
GPS-Information 106
Gradation 34
Graukarte 194
Grobes Schwarzweiß 56
Größe ändern 126

H
Hand-Nachtaufnahme 157
HDMI-Infoanzeige 112
HDMI-Modus 112
HDR 60
Heller blauer Himmel 154
Helligkeitsschwankungen 261
Helligkeitsverteilung 34, 94
Histogramm 94
Hochgeschwindigkeits-Video 73
Hold 93

I
i.Auflösung 36, 38
i.Dynamik 36, 61
i.ISO 29
i.Zoom 47, 242
iA 138
iA+ 138
Image App 104, 106, 160
Impressiv 166
Individualeinstellung 164
Individual-Menü 80
Individuelles Schnell-Menü 90

INDEX

Intelligente Automatik 136, 138
Intelligente ISO-Empfindlichkeit 198
Intelligente Szeneprogramme 138
ISO 200
ISO-Automatik 146
ISO-Einstellstufen 81
ISO-Empfindlichkeit 196
ISO-Obergrenze 29, 40, 196

J

JPEG 28, 164, 182
JPEG-Kompression 28

K

Kelvin 190
Kindergesicht 153
Komposition mischen 124
Kompression 182
Konstante Vorschau 93
Kontinuierlicher AF 224
Kontrast 30, 162, 165
Kreativer Videobetrieb 73
Kreativfilter 31
Kreativmodus 97, 166
Künstlicher Horizont angleichen 114
Kurzinfos 43
Kurzvideos 77

L

L.Monochrom 32, 162
Landschaft 56, 154, 155
Langzeit-Rauschreduzierung 42, 216
Langzeitsynchronisation 173
Lebhaft 162
Lichtstärke 243
Lichtwaage 146
Lichtzusammensetzung 124

Loop-Bewegung Fokusfeld 85
Lösch-Korrektur 126

M

Makro-Zoom 232
Makrofotografie 232
Manuelle Belichtung 146
Manuelle Fokussierung 238
Marker 252
Max(imale) Bel(ichtungs)-Zeit 42
Mehrfach-Belichtung 62
Mehrfeldmessung 131
Mein Menü 115
Memory 98
Menüführung 97
Mess-Charakteristik 133
Messmethode 34
Messwertspeichertaste 82
MF-Anzeige 85, 96
MF-Lupe 86, 238
Miniatureffekt 166
Mittenbetonte Messung 132
Mitzieher 46, 100
Modusrad 18
Monochrom 158, 162
Monitor/Sucher 110
Monitor-/Sucher-Anzeige
Motivprogramme 152
MP4 76
MSHTR 54
Multi-Individuell 229
Musik 117

N

Nachtaufnahme 156
Nachthimmel 124
Nachtportrait 157

INDEX

Natürlich 162
Neonlichter 156
Nik Sharpener 165
Nivellieranzeige 79
Nr. Reset 114

O
Objektiv einfahren 98
Objektivposition fortsetzen 98
Offset 92
Online-Handbuch 103
Ordner-/Dateieinstellungen 112
Ortsinformation 109

P
Panorama 70
Panorama-Einstellung 68
PC 111
PhotoFunStudio 139
PictBridge 111
Pinpoint 230
Pixel 179
Portrait 88, 153, 162
Post-Fokus 59, 64
Power-LCD-Modus 110
Profil einrichten 99
Programmautomatik 140
Programmshift 140
Punkt-AF 83, 230

Q
Q.Menü 80
QR-Code 103
Qualität 28
Quick-AF 83

R
Radinfos 92
Rating 120
Rauschen 196, 200
Rauschminderung 30, 214
Rauschunterdrückung 162, 200, 213
RAW 28, 162, 165, 184, 193, 214
RAW + JPEG parallel 184
RAW-Verarbeitung 121, 122, 186
Reisedatum 103
Release 84
Remove 126
Reset 114
Reset Belichtungsanzeige 81
Restanzeige 97
Ring/Rad einstellen 90
Rolling Shutter-Effekt 55
Rote-Augen-Reduzierung 40, 173
Ruhezustand 105

S
Scaling 126
Schärfe 30
Schärfentiefe 59, 88, 142
Schärfepunkt speichern 225
Schärfeverlagerungen 265
Scharfzeichnung 164
Schnell-Menü 21, 41, 90
Schöne Haut 153
Schreibgeschwindigkeit 248
Schritt 58
Schritt-Zoom 93
Schutz 117
Schwarzweiß-Liveview 93
Schwenk 75
Schwenkpanorama 68
SD-Karte 248

INDEX

Seitenverhältnis 27, 56, 240
Selbstauslöser 44, 50
Selbstauslöser Auto-Aus 98
Sensor 179
Sequenz 150
Sequenz zusammenfügen 125
Serienbilder 246
Seriengeschwindigkeit 48
Setup-Menü 102
SH 246
Signalton 105
Silkypix 32, 162, 184, 193, 195, 218
Silkypix Developer 184, 186, 218
Simultane Aufnahme ohne Filter 31
Slow 173
Snap Movie 77
Sonnenschein 129, 166
Sonnenuntergang 154, 156
Sparmodus 105
Speicherzeit 248
Speisen 158
Spitzlichter 95
Sportfoto 100, 158
Spotmessung 133, 134
Sprache 112
Sprungschnappschuss 108
sRGB 31
Stabilisator 46
Standard 162, 182
Steuerring 20, 90, 264
Stop-Motion-Animation 51
Stromotion 125
Stufenloses Zoom 92
Stummschaltung 52
Sucher 96, 110
Szeneprogramme 152

T

T-Modus („Time") 147
Telewirkung 47
Texteingabe 120, 126
Tiere 160
Titel einfügen 120
Touch-AF 91, 264
Touch-AF+AE 91
Touch Defocus 138
Touch-Einstellungen 91
Touch-Register 91
Touchpad-AF 92
Touchscreen 166
Tracking 228
TV-Anschluss 112
TX2 15
TZ101 12, 210
TZ200 15
TZ81 14
TZ91 14, 210

U

Uhreinstellung 103
USB-Ladestation 99
USB-Modus 111
USB-Schnittstelle 159

V

Verbindung wählen 112
Verschlusstyp 54
Verschlusszeiteffekt 87
Verschlusszeitenstufen 144
Video 258
Video teilen 127
Video-Menü 72
Videoeinstellungen 262
VIERA-Link 112

INDEX

Vierrichtungswähler 18
VLC-Mediaplayer 255
Vorschau-Funktion 87, 145

W

Wasserwaage 79, 114
WB-Reihe 60
Weicher Farbton 153
Weiches Bild einer Blume 157
Weißabgleich 190, 263
Weißabgleich Einstellen 194
Weißabgleich später setzen 193
Weißabgleich-(WB-) Belichtungsreihe 60
Weißabgleich-Voreinstellungen 192
Weltzeit 103
White-in 77
WiFi 104, 106
Wide 68
Wiedergabe 117
Wiedergabe-Infos 116
Wiedergabe-Menü 116
Wiedergabe-Priorität 93
Windgeräuschunterdrückung 79

Z

Zebramuster 95
Zeit für AF-Punkt 83
Zeitautomatik 142
Zeiten-Priorität 144
Zeitraffer-/Stop-Motion-Video 127
Zeitrafferaufnahme 50
Zeitraffervideos erstellen 53
Zeitzone 103
Zentralmarkierung 95
Zentralverschluss 55, 171
Zoom 240
Zoomhebel 92
Zoommikro 79
Zoomring 21
ZS200 15
Zusammenfügen 62
Zuschneiden 126